Adobe After Effects CC
影视后期设计与制作

主 编 刘慧 李奇

副主编 黄岩 洪雅容

北京希望电子出版社

Beijing Hope Electronic Press

www.bhp.com.cn

内容简介

本书以应用案例的讲解为主，以理论知识的阐述为辅，对 After Effects CC 2019 软件进行了全面介绍。全书共 11 章，分别讲解了 After Effects 入门必学、素材的管理与应用、图层基础知识、蒙版工具、文字工具与特效、色彩校正效果、内置滤镜特效、过渡特效、仿真粒子特效、视觉光线特效、抠像与跟踪等内容。每章最后都安排了两个有针对性的拓展案例，以供练习使用。

本书结构合理，图文并茂，易教易学，适合作为影视后期相关课程的教材，也可作为广大视频剪辑爱好者和各类技术人员的参考用书。

图书在版编目（ＣＩＰ）数据

Adobe After Effects CC 影视后期设计与制作 / 刘慧，李奇主编. --
北京：北京希望电子出版社，2021.2（2025.2 重印）
ISBN 978-7-83002-816-9

Ⅰ. ①A… Ⅱ. ①刘… ②李… Ⅲ. ①图像处理软件－教材 Ⅳ. ①
TP391.413

中国版本图书馆 CIP 数据核字(2021)第 026294 号

出版：北京希望电子出版社	封面：黄燕美
地址：北京市海淀区中关村大街 22 号	编辑：全　卫
中科大厦 A 座 10 层	校对：李小楠
邮编：100190	开本：787mm×1092mm　1/16
网址：www.bhp.com.cn	印张：17
电话：010-82620818（总机）转发行部	字数：403 千字
010-82626237（邮购）	
传真：010-62543892	印刷：三河市骏杰印刷有限公司
经销：各地新华书店	版次：2025 年 2 月 1 版 5 次印刷

定价：85.00 元

Adobe After Effects CC影视后期设计与制作

前言
PREFACE

　　"十三五"期间，数字创意产业作为国家战略性新兴产业蓬勃发展，设计、影视与传媒、数字出版、动漫游戏、在线教育等数字创意领域日新月异。"十四五"规划进一步提出"壮大数字创意、网络视听、数字出版、数字娱乐、线上演播等产业"。

　　计算机、互联网、移动网络技术的迭代更新为数字创意产业提供了硬件和软件基础，而Adobe、Corel、Autodesk等企业提供了先进的软件和服务支撑。数字创意产业的飞速发展迫切需要大量熟练掌握相关技术的从业者。2020年，中国第一届职业技能大赛将平面设计、网站设计与开发、3D数字游戏、CAD机械设计等技术列入竞赛项目，这一举措引领了高技能人才的培养方向。

　　职业院校是培养数字创意技能人才的主力军。为了培养数字创意产业发展所需的高素质技能人才，我们组织了一批具备较强教科研能力的院校教师和富有实战经验的设计师，共同策划编写了本书。本书注重数字技术与美学艺术的结合，以实际工作项目为脉络，旨在使读者能够掌握视觉设计、创意设计、数字媒体应用开发、内容编辑等方面的技能，成为具备创新思维和专业技能的复合型人才。

写/作/特/色

1. 项目实训，培养技能人才

　　对接职业标准和工作过程，以实际工作项目组织编写，注重专业技能与美学艺术的结合，重点培养学生的创新思维和专业技能。

2. 内容全面，注重学习规律

　　将数字创意软件的常用功能融入实际案例，便于知识点的理解与吸收；采用"案例精讲→边用边学→经验之谈→上手实操"编写模式，符合轻松易学的学习规律。

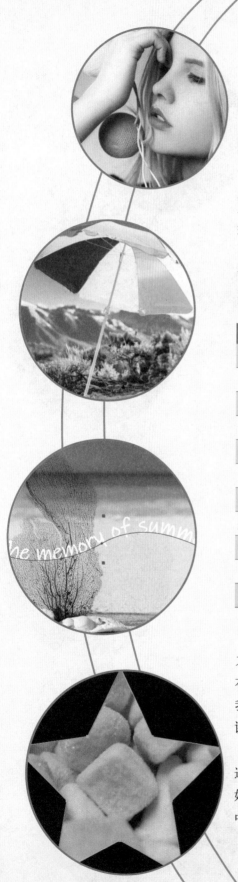

3．编写专业，团队能力精湛

选择具备先进教育理念和专业影响力的院校教师、企业专家参与教材的编写工作，充分吸收行业发展中的新知识、新技术和新方法。

4．融媒体教学，随时随地学习

教材知识、案例视频、教学课件、配套素材等教学资源相互结合，互为补充；二维码轻松扫描，随时随地观看视频，实现泛在学习。

课／时／安／排

全书共11章，建议总课时为68课时，具体安排如下：

章　节	内　　容	理论教学	上机实训
第 1 章	After Effects CC 入门必学	1 课时	2 课时
第 2 章	素材的管理与应用	2 课时	2 课时
第 3 章	图层基础知识	4 课时	4 课时
第 4 章	蒙版工具	4 课时	4 课时
第 5 章	文字工具与特效	4 课时	2 课时
第 6 章	色彩校正效果	4 课时	4 课时
第 7 章	内置滤镜特效	4 课时	4 课时
第 8 章	过渡特效	4 课时	4 课时
第 9 章	仿真粒子特效	3 课时	4 课时
第 10 章	视觉光线特效	2 课时	2 课时
第 11 章	抠像与跟踪	2 课时	2 课时

本书结构合理，讲解细致，特色鲜明，侧重于综合职业能力与职业素质的培养，融"教、学、做"于一体，适合应用型本科院校、职业院校、培训机构作为教材使用。为方便教学，我们还为用书教师提供了与书中内容同步的教学资源包（包括课件、素材、视频等）。

本书由刘慧和李奇担任主编，黄岩和洪雅容担任副主编。这些老师在长期的工作中积累了大量的经验，在写作的过程中始终坚持严谨细致的态度，力求精益求精。由于水平有限，书中疏漏之处在所难免，希望读者朋友批评指正。

编　者

Adobe After Effects CC影视后期设计与制作

目 录
CONTENTS

第3章 图层基础知识

第4章 蒙版的应用

第5章 文本效果

第6章　色彩校正效果

第7章　滤镜特效

第8章 过渡特效

第**9**章 仿真粒子特效

第**10**章 视觉光线特效

第11章 抠像与跟踪

附录 **Adobe After Effects CC 常用快捷键汇总**

第1章

After Effects CC 入门必学

内容概要

　　After Effects简称AE，是Adobe公司开发的一款视频剪辑及设计软件，广泛应用于影视节目制作、广告制作等媒体行业，目前推出的最新版本为After Effects CC 2019。通过对本章内容的学习，读者可以全面了解和掌握After Effects CC的应用领域、2019版本工作界面的组成、首选项设置、文件的基本操作、影视后期基本工作流程、常用术语和文件格式等知识。

知识要点

- 熟悉After Effects CC的应用领域。
- 熟悉After Effects CC的工作界面。
- 熟悉首选项设置。
- 掌握项目文件的基本操作。
- 熟悉影视后期基本工作流程。
- 了解常用术语和文件格式。

数字资源

【本章案例素材来源】："素材文件\第1章"目录下

【本章案例最终文件】："素材文件\第1章\案例精讲\DIY工作界面颜色.aep"

案例精讲 DIY工作界面颜色

After Effects CC的默认工作界面是深黑色的，如果用户不习惯，可以对界面亮度进行适当的调整。

步骤 01 启动After Effects CC 2019应用程序，可以看到当前工作界面默认的颜色，如图1-1所示。

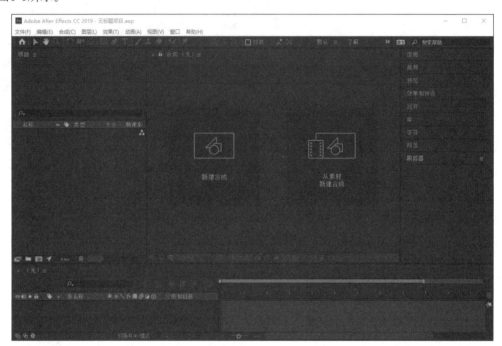

图 1-1

步骤 02 执行"编辑"→"首选项"→"外观"命令，打开"首选项"对话框的"外观"选项卡，如图1-2所示。

图 1-2

步骤 03 在选项卡的"亮度"选项组中，拖动滑块向右移动到"变亮"，对话框和软件界面的颜色会随着滑块的移动而变化，如图1-3所示。

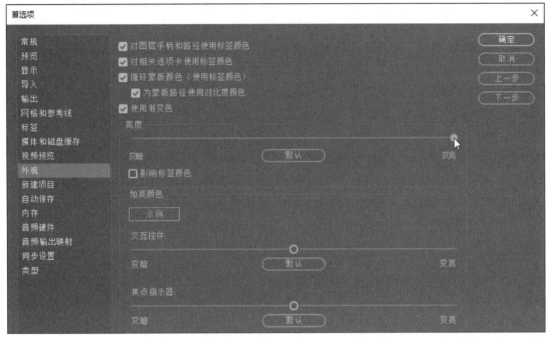

图 1-3

步骤 04 单击"确定"按钮关闭对话框，设置后的工作界面效果如图1-4所示。

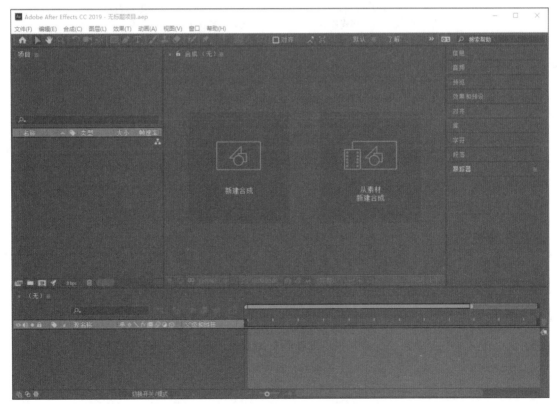

图 1-4

1.1 全面认识After Effects CC

After Effects CC是一款用于高端视频特效系统的专业特效合成软件，为用户提供了一条基于帧的视频设计途径，适用于从事设计和视频特技的机构，包括电视台、动画制作公司、个人后期制作工作室以及多媒体工作室的制作需要。

■1.1.1 新版本的系统安装要求

新版的After Effects CC 2019带来了前所未有的卓越功能，可帮助用户高效且精确地创建无数种吸引人的动态图像和震撼人心的视觉效果。该版本新增了原生3D深度效果，能够更加方便地编写表达式，在制作和编辑视频时更加轻松，还可利用Lumetri Color进行色彩分级等操作。

在不同的操作系统平台下，After Effects CC 2019对系统有着不同的要求，最低系统安装要求如下。

1. Windows系统安装要求

处理器	64位多核Intel处理器
操作系统	Windows 10（64位）版本1803及更高版本
RAM	至少16 GB（建议32 GB）
GPU	2 GB GPU VRAM Adobe强烈建议，在使用该版本时，将NVIDIA驱动程序更新到430.86或更高版本。低版本的驱动程序存在一个已知问题，可能会导致软件崩溃
硬盘空间	5 GB可用磁盘空间用于安装；安装过程中需要额外的可用空间（无法安装在移动闪存设备中） 用于磁盘缓存的额外磁盘空间（建议10 GB）
显示器分辨率	1 280×1 080或更高的显示分辨率
Internet	能够与Internet连接并完成注册，激活软件、验证订阅和访问在线服务

2. macOS系统安装要求

处理器	64位多核Intel处理器
操作系统	macOS 10.13版及更高版本。注：macOS 10.12版不支持
RAM	至少16 GB（建议32 GB）
GPU	2 GB GPU VRAM Adobe强烈建议，在使用该版本时，将NVIDIA驱动程序更新到430.86或更高版本。低版本的驱动程序存在一个已知问题，可能会导致软件崩溃
硬盘空间	6 GB可用磁盘空间用于安装；安装过程中需要额外的可用空间（无法安装在使用区分大小写的文件系统的卷上或可移动闪存设备上） 用于磁盘缓存的额外磁盘空间（建议10 GB）
显示器分辨率	1 440×900或更高的显示分辨率
Internet	能够与Internet连接并完成注册，激活软件、验证订阅和访问在线服务

3. VR系统安装要求

Oculus Rift（头戴显示器）	Windows 10
Windows Mixed Reality（混合现实头戴显示器）	Windows 10
HTC Vive（虚拟现实头戴显示器）	Windows 10 27" iMac，带有Radeon Pro显卡 iMac Pro，带有Radeon Pro显卡 Mac OS10.13.3或更高版本

■1.1.2　After Effects CC工作界面

启动After Effects CC 2019应用程序后，在启动界面会显示软件的加载进度，如图1-5所示。

图 1-5

After Effects CC 2019启动后，系统会弹出"主页"面板，左侧显示"新建项目""打开项目""新建团队项目"和"打开团队项目"按钮，右侧显示最近打开过的项目。若是第一次启动程序，则右侧会显示欢迎界面以及"新建项目"按钮，如图1-6所示。

图 1-6

进入工作界面后，便能看到它的真面目，After Effects CC 2019的工作界面由菜单栏、工具栏、项目面板、合成面板、时间轴面板以及各类其他面板组成，如图1-7所示。

菜单栏　　工具栏　"项目"面板　　　　　　　　　"合成"面板　　　　　　　　　　　　其他面板

图 1-7

"时间轴"面板

1. 菜单栏

菜单栏几乎是所有软件的重要界面元素之一，它包含了软件全部的功能命令。After Effects CC 2019为用户提供了"文件""编辑""合成""图层""效果""动画""视图""窗口"以及"帮助"9项菜单，如图1-8所示。

图 1-8

2. 工具栏

工具栏为用户提供了一些经常使用的工具按钮，部分工具图标含有多种工具选项，在其图标右下角带有一个小三角形，单击并按住鼠标不放即可看到隐藏的工具，如图1-9所示。

图 1-9

3. "项目"面板

After Effects CC中的所有素材文件、合成文件及文件夹都可以在"项目"面板中找到。面板上方为素材的信息栏，包括名称、类型、大小、媒体持续时间、文件路径等；面板下方则可以单击鼠标右键进行新建合成、新建文件夹等操作，也可以显示或存放项目中的素材或合成。

当单击某一个素材或合成文件时，可以在"项目"面板上方看到其缩略图和属性，如图1-1所示。在"项目"面板下方的空白处单击鼠标右键，在弹出的快捷菜单中可以进行"新建"以及"导入"操作，如图1-10所示。

图 1-10

4."合成"面板

"合成"面板用于显示当前合成的画面效果，该面板不仅具有预览功能，还具有控制、操作、管理素材、缩放窗口比例等功能，是After Effects CC软件操作过程中非常重要的窗口之一，如图1-11所示。

图 1-11

5."时间轴"面板

"时间轴"面板可以精确设置合成中各种素材的位置、时间、特效和属性等，进行影片的合成，还可以对图层的顺序进行调整和制作关键帧动画，如图1-12所示。

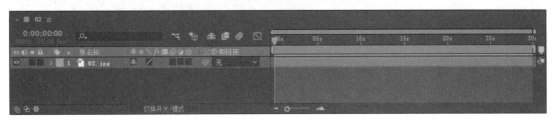

图 1-12

6. 其他面板

After Effects CC工作界面中还有一些面板在操作时会经常用到，如"窗口"面板、"信息"面板、"音频"面板、"预览"面板、"效果和预设"面板等，如图1-13所示。由于界面大小有限，不能将所有面板完整展示，因此需要使用的时候在工作界面右侧的列表单击即可打开相应的面板。

图 1-13

■1.1.3 首选项设置

After Effects CC首选项中基本参数的设置可以帮助用户最大化地利用有限的资源，以提升制作效率。执行"编辑"→"首选项"命令，在其子菜单中任意单击其中一项即可打开"首选项"对话框。下面介绍常用的几个选项板。

1. 常规

"常规"选项卡主要用于设置After Effects CC的运行环境，包括对手柄大小的调整以及整个系统协调性的设置，如图1-14所示。

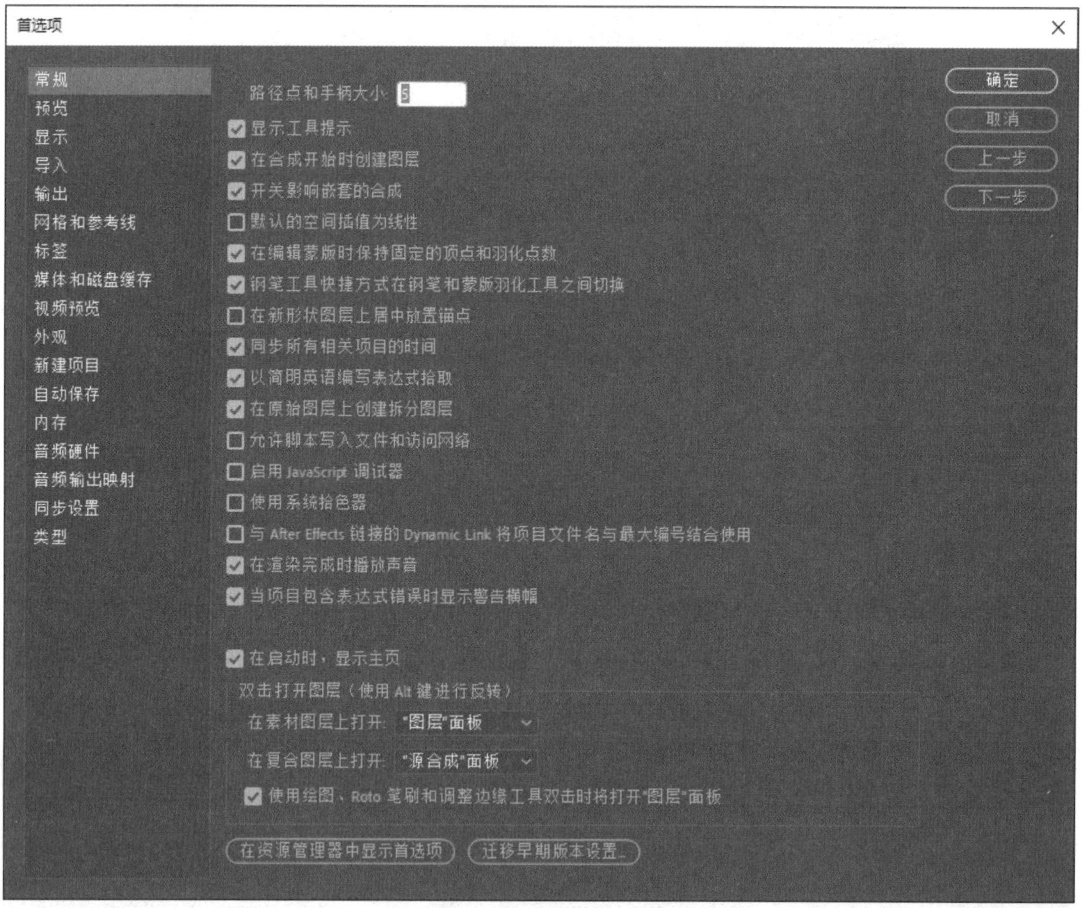

图 1-14

2. 预览

切换至"预览"选项卡,在展开的列表中设置项目完成后的预览参数,如图1-15所示。

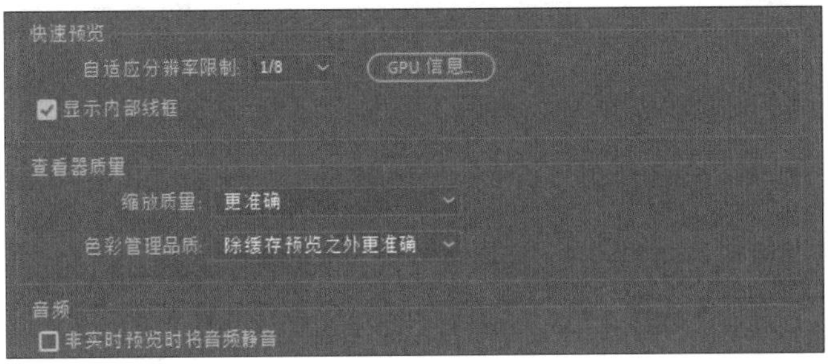

图 1-15

3. 显示

切换至"显示"选项卡,在展开的列表中设置项目的运动路径和相应的首选项即可,如图1-16所示。

图 1-16

4. 导入

切换至"导入"选项卡,在展开的列表中设置静止素材、序列素材、自动重新加载素材等素材导入选项,如图1-17所示。

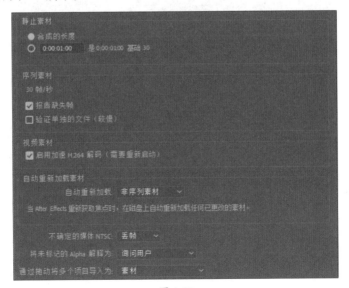

图 1-17

5. 输出

切换至"输出"选项卡，在展开的列表中设置影片的输出参数，如图1-18所示。

图 1-18

6. 网格和参考线

切换至"网格和参考线"选项卡，在展开的列表中设置网格颜色、网格样式、网格线间隔、对称网格、参考线和安全边距等选项，如图1-19所示。

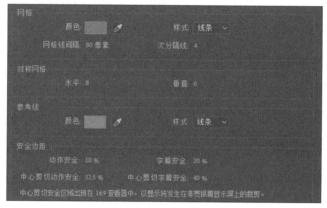

图 1-19

7. 标签

切换至"标签"选项卡，在展开的列表中设置标签的默认值和默认颜色，如图1-20所示。

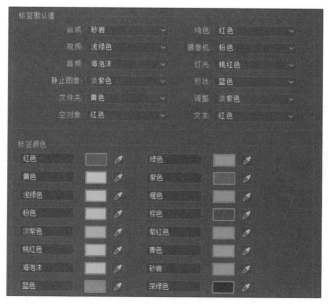

图 1-20

8. 媒体和磁盘缓存

After Effects CC对内存容量的要求较高，支持将磁盘空间作为虚拟内存使用。默认情况下其磁盘缓存文件夹是在系统盘里，如果系统盘的磁盘空间不足，建议将其设置到空间充足的其他磁盘。

在使用一段时间后会积累一定的缓存，造成软件运行卡顿等情况，用户可以通过"首选项"对话框清空磁盘缓存，以提高软件运行速度。

"媒体和磁盘缓存"选项卡主要用于设置磁盘缓存、符合的媒体缓存以及XMP元数据等，如图1-21所示。

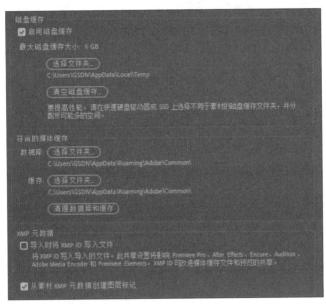

图 1-21

9. 外观

切换至"外观"选项卡，在展开的列表中设置相应的选项即可，如图1-22所示。

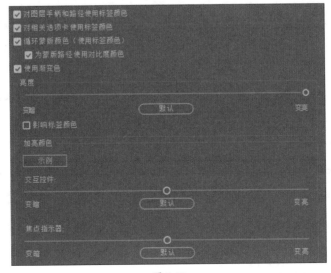

图 1-22

10. 自动保存

After Effects提供了自动保存功能，以防止系统崩溃造成不必要的损失。在"自动保存"选项卡中可以设置"保存间隔"时间，系统将会根据设定的时间自动对当前项目进行保存操作，如图1-23所示。

图 1-23

11. 音频输出映射

切换至"音频输出映射"选项卡，该面板中包含了"映射其输出""左侧"和"右侧"3个选项，每个选项的具体设置与计算机所安装的音频硬件相关，用户在展开的列表中设置音频映射时的输出格式，如图1-24所示。

图 1-24

1.2 文件的基本操作

在菜单栏的"文件"菜单中，提供了一系列关于文件的操作命令，包括"新建""打开项目""保存""另存为""导入"及"导出"等。

■1.2.1 新建项目

After Efftecs CC中的项目是一个文件，用于存储合成、图形及项目素材使用的所有源文件的引用。在每次启动After Effects CC应用程序时，系统会自动建立一个新项目，同时建立一个项目窗口。

执行"文件"→"新建"→"新建项目"命令，即可快速创建一个默认设置的空白项目，如图1-25所示。

图 1-25

使用Ctrl+Alt+N组合键也可以快速创建项目。

■ 1.2.2　打开文件

对于已经创建并保存的项目文件，可以使用After Efftecs CC将其打开，继续进行编辑或修改操作。执行"文件"→"打开项目"命令，打开"打开"对话框，选择需要的项目文件，然后单击"打开"按钮，即可打开该项目文件，如图1-26所示。

图 1-26

■ 1.2.3　保存文件

项目文件创建后，可先将其保存至本地磁盘，以防止软件在操作过程中意外关闭。执行"文件"→"保存"命令或者按Ctrl+S组合键，即可进行保存操作。

对于初次保存操作，系统会弹出"另存为"对话框，这里需要为项目文件指定文件名以及存储路径，如图1-27所示。

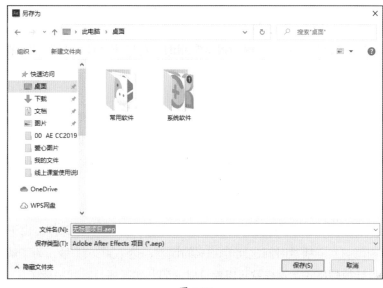

图 1-27

1.3 影视后期基本工作流程

无论是制作简单的字幕动画、复杂的运动图形还是真实的视觉效果，都需要遵循基本的工作流程。

（1）创建项目与合成。

在开始每一个项目时，应该先恢复默认的项目参数，并创建一个符合需求的合成。没有项目合成的建立就无法正常进行素材的特效处理。用户既可以新建一个空白的合成，也可以根据素材新建包含素材的合成。

（2）导入并编辑素材。

除了可以依靠内置的矢量图形功能增加动态效果之外，还可以导入一些外部素材来丰富动画素材。

对于所有的素材，用户可以修改其图层的任何属性，如位置、缩放、旋转、不透明度等。还可以使用动画关键帧和表达式使图层属性的任意组合随着时间的推移而发生变化。

（3）预览合成。

预览是为了让用户确认制作效果，如果不预览，就没有办法确认制作效果是否达到要求。在"预览"面板中单击"播放"按钮即可预览动画效果。

此外也可以通过键盘上的空格键或数字"0"键播放预览。

（4）渲染输出。

项目制作完成之后，就可以进行视频的渲染输出了。执行"文件"→"导出"→"添加到渲染队列"命令，即可将合成加入渲染队列并进行渲染输出。

根据每个合成的帧的大小、质量、复杂程度和输出的压缩方法，输出视频可能会需要几分钟甚至数小时的时间。当After Effects CC开始渲染项目时，就不能再进行该软件的任何其他操作。

1.4 常用术语解释

After Effects CC的使用过程中会遇到很多常用的专业术语，读者在学习之前应掌握各种术语的概念，才能更好地学习After Effects CC。

（1）帧。

帧是指每秒显示的图像数（帧数），是传统英式和数字视频中的基本信息单元。人们在电视中看到的活动画面都是由一系列的单个图片构成，相邻图片之间的差别很小。这些图片高速连贯起来就成了活动的画面，其中的一幅就是一帧。

（2）帧速率。

帧速率就是视频播放时每秒渲染生成的帧数。电影的帧速率是24帧/秒；PAL制式的电视系统其帧速率是25帧/秒；NTSC制式的电视系统其帧速率是29.97帧/每秒。由于技术的原因，NTSC制式在时间码与实际播放时间之间有0.1%的误差，达不到30帧/秒，为了解决这个问题，NTSC制式中有设计掉帧格式，这样就可以保证时间码与实际播放时间一致了。

（3）帧尺寸。

帧尺寸就是形象化的分辨率，是指图像的长度和宽度。PAL制式电视系统的帧尺寸一般为720×576，NTSC制式电视系统的帧尺寸一般为720×480，HDV的帧尺寸则是1 280×720或者1 440×1 280。

（4）场。

场是电视系统中的另一个概念。交错视频的每一帧由两个场构成，被称为"上"扫描场和"下"扫描场，或奇场和偶场，这些场依顺序显示在NTSC或PAL制式的监视器上，能够产生高质量的平滑图像。场以水平线分割的方式保存帧的内容，在显示时先显示第一个场的交错间隔内容，然后再选择第二个场来填充第一个场留下的缝隙。也就是说，一帧画面是由两场扫描完成的。

（5）时间码。

时间码是影视后期编辑和特效处理中视频的时间标准。通常时间码是用于识别和记录视频数据流中的每一帧，以便在编辑和广播中进行控制。根据动画和电视工程师协会使用的时间码标准，其格式为"小时:分钟:秒:帧"。

（6）电视制式。

电视制式就是指传送电视信号所采用的技术标准。基带视频是一个简单的模拟信号，由视频模拟数据和视频同步数据构成，用于接收端正确地显示图像，信号的细节取决于应用的视频标准或者制式。

（7）合成图像。

合成图像是After Effects中的一个重要术语。在一个新项目中制作视频特效，首先需要创建一个合成图像，在合成图像中才可以对各种素材进行编辑和处理。合成图像以图层为操作的基本单元，可以包含任意多个任意类型的图层。每一个合成图像既可以独立使用，又可以嵌套使用。

1.5 常用文件格式

After Effects支持大部分的视频、音频、图像以及图形文件格式，还可以将记录三维通道的文件调入并进行修改。下面将对常用的文件格式进行介绍。

- **BMP**：在Windows下显示和存储的位图格式。可以简单地分为黑白、16色、256色和真彩色等格式。大多采用RLE进行压缩。
- **AI**：Adobe Illustrator的标准文件格式，是一种矢量图形格式。
- **EPS**：封装的PostScript语言文件格式，可以包含矢量图形和位图图像，被所有的图形、示意图和页面排版程序所支持。
- **JPG**：用于静态图像标准压缩格式，支持上百万种颜色，不支持动画。
- **GIF**：8位（256色）图像文件，多用于网络传输，支持动画。
- **PNG**：作为GIF的免专利替代品，用在Word Wide Web上无损压缩和显示图像。与GIF不同的是，PNG格式支持24位图像，产生的透明背景没有锯齿边缘。

- **PSD**：Photoshop的专用存储格式，采用Adobe的专用算法，可以很好地配合After Effects进行使用。

- **TGA**：Truevision公司推出的文件格式，是一组由后缀为数字并且按照顺序排列组成的单帧文件组。被国际上的图形、图像相关行业广泛接受，已经成为数字化图像、光线追踪和其他应用程序所生成的高质量图像的常用格式。

- **AVI**：一种不需要专门硬件参与就可以实现大量视频压缩的数字视频压缩格式，是文件中音频数据与视频数据的合成，音频数据与视频数据合成存放在同一个文件中，是视频编辑中经常用到的文件格式。

- **MPEG**：MPEG的平均压缩比为50：1，最高可达到200：1，压缩效率非常高，同时图像和声音的质量也很好，并且在PC上有统一的标准格式，兼容性好。

- **WMV**：一种独立于编码方式的在Internet上能够实时传播的多媒体技术标准。

- **WAV**：Windows记录声音所使用的文件格式。

- **MP3**：可以说是目前最为流行的音频格式之一，采用MPEG Audio Layer 3的技术，将音频以1：10甚至1：12的压缩率压缩成容积最小的文件，压缩后文件容量只有原来的1/10到1/15，而音质基本不变。

- **MP4**：在MP3的基础上发展起来的，其压缩比更大，文件容量更小，且音质更好，真正达到了CD的标准。

经验之谈

经验一：键盘快捷键的设置

当用户使用可视键盘快捷键编辑器设计键盘快捷键布局时，能够以可视方式工作。用户可以使用键盘用户界面查看已分配快捷键的键和可分配的键，以及修改已分配的快捷键。

执行"编辑"→"键盘快捷键"命令，打开"键盘快捷键"编辑器，如图1-28所示。该编辑器分为三个部分，分别是键盘布局、命令列表、键修饰键列表。

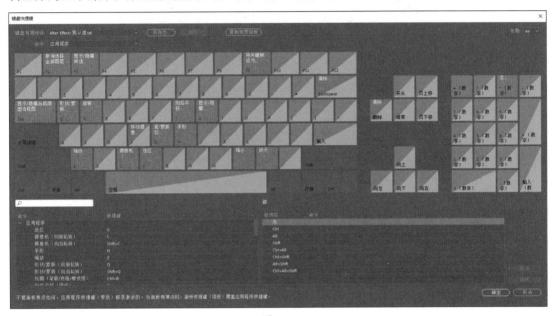

图 1-28

- **键盘布局**：硬件键盘的显示情况，用户可以在其中查看哪些键已分配了快捷键，还有哪些键可用。键盘布局默认显示应用程序范围的快捷键，这些快捷键的工作方式与选择哪个面板无关。
- **命令列表**：该列表显示可以分配快捷键的所有命令。当用户在键盘布局中为应用程序范围的命令选择键时，该键将用蓝色焦点指示器显示轮廓。
- **键修饰键列表**：该列表显示与用户在键盘布局上选择的键相关联的所有修饰键组合和已分配的快捷键。

经验二：预设工作区布局

After Effects CC的工作界面是可以自由调整的，在工具栏中为用户提供了13种工作区样式，包括"默认""标准""小屏幕""库""所有面板""动画""基本图形""颜色""效果""简约""绘画""文本"和"运动跟踪"等，其中"默认""标准""小屏幕""库"这四种工作区样式显示在"合成"面板右上角，其余样式则隐藏在菜单中，如图1-29所示。

默认 ≡ 了解 标准 小屏幕 库 》 ◐▤ 🔍 搜索帮助

图 1-29

在工具栏单击"展开"按钮》，在打开的列表中选择"编辑工作区"选项，会打开"编辑工作区"对话框，用户可以自由移动或删除工作区样式，如图1-30所示。

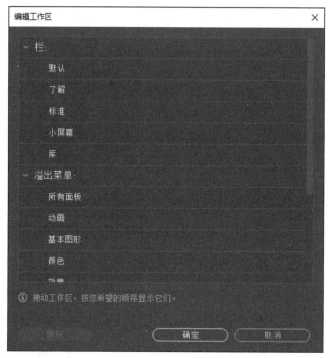

图 1-30

此外，用户也可以根据需要自由调整各个面板的显示/隐藏或分布大小。

 你学会了吗？

上手实操

为了能够更好地掌握本章所学的知识内容，下面安排了两个实操习题，让用户动起手来练一练，以达到温故知新的目的。

实操一：自定义工作区

除了After Effects CC 2019提供的几种预置工作区，用户也可以根据自己的使用习惯调整工作区布局，并且对调整好的工作区进行保存操作。

图 1-31   图 1-32

步骤01 调整工作区布局。执行"窗口"→"工作区"→"另存为新工作区"命令，打开"新建工作区"对话框，输入工作区名称，如图1-31所示。

步骤02 在工具栏单击"展开"按钮，在打开的列表中选择新创建的工作区名称，如图1-32所示。

实操二：文件自动保存

在项目文件的制作过程中需要进行不定时的保存操作，以防止文件因不确定因素丢失，对于After Effects CC可以通过"首选项"对话框进行设置。

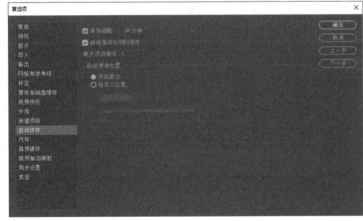

图 1-33

步骤01 执行"编辑"→"首选项"→"自动保存"命令，打开"首选项"对话框的"自动保存"选项卡。

步骤02 在"自动保存"选项卡中勾选"保存间隔"以及"启动渲染队列时保存"复选框，并设置保存间隔时间，用户也可以设置自动保存位置，如图1-33所示。

第2章
素材的管理与应用

内容概要

After Efftecs的项目是存储在硬盘上的单独文件，其中包含了合成、素材以及所有的动画信息。一个项目可以包含多个素材和多个合成，合成中的许多层是通过导入素材创建的。本章将详细介绍创建和管理项目的基础知识及操作技巧，帮助用户打好坚实的基础。

知识要点

- 掌握素材文件的导入操作。
- 熟悉素材文件的管理。
- 掌握合成操作。
- 熟悉"合成"面板。
- 掌握素材的调整与替换。

数字资源

【本章案例素材来源】："素材文件\第2章"目录下

【本章案例最终文件】："素材文件\第2章\案例精讲\新建合成并导入素材.aep"

案例精讲 新建合成并导入素材

新建合成是项目的开始，在创建合成时，用户可以自定义其尺寸，再导入需要的素材。下面介绍具体的操作过程。

扫码观看视频

步骤 01 启动After Effects CC 2019应用程序，系统会自动新建项目。

步骤 02 执行"合成"→"新建合成"命令，打开"合成设置"对话框，输入新的合成名称，选择预设合成类型为"HDTV 1080 29.97"，再设置持续时间为0:00:05:00，如图2-1所示。

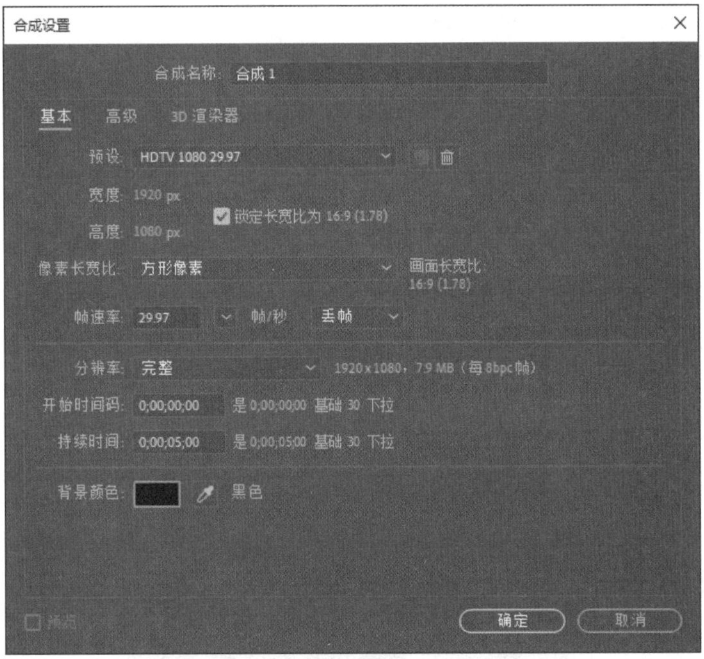

图 2-1

步骤 03 单击"确定"按钮关闭对话框，即可创建新的合成，如图2-2所示。

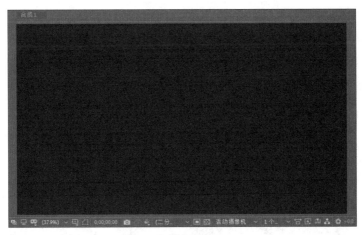

图 2-2

步骤 04 执行"文件"→"导入"→"文件"命令，打开"导入文件"对话框，选择需要导入的素材，并取消选择"创建合成"复选框，如图2-3所示。

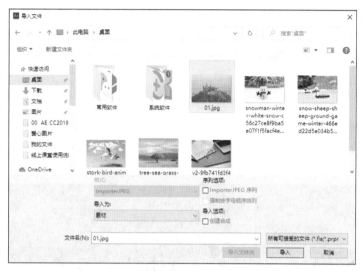

图 2-3

步骤 05 单击"导入"按钮，将图像素材导入到"合成"面板，如图2-4所示。

图 2-4

步骤 06 将图像素材拖动至"时间轴"面板，查看"合成"面板，可以看到新添加的图像素材比合成背景要大，如图2-5所示。

图 2-5

步骤 07 在时间轴面板打开属性列表，调整"缩放"参数，如图2-6所示。

图 2-6

步骤 08 继续调整"位置"参数，如图2-7所示。

图 2-7

步骤 09 查看素材图像的宽屏显示效果，如图2-8所示。保存项目，完成本案例的操作。

图 2-8

边用边学

2.1　导入素材

素材是最基本的构成元素，除了可以依靠内置的矢量图形功能增加动态效果之外，还需要导入一些外部素材来丰富动画效果。After Efftecs CC中可导入的素材包括动态视频、静帧图像、静帧图像序列、音频文件、Photoshop分层文件、Illustrator文件、After Efftecs项目中的其他合成、Premiere项目文件以及Flash输出的swf文件等。

1. 导入单个或多个素材

用户可以导入的素材文件格式有很多，导入方法也基本相同。执行"文件"→"导入"→"文件"命令，在弹出的"导入文件"对话框中选择需要导入的文件即可，如图2-9和图2-10所示。

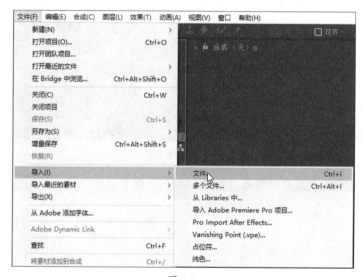

图 2-9

图 2-10

如果要依次导入多个素材文件，可以配合使用Ctrl键进行素材的加选。

！提示：除了菜单栏命令，导入素材的操作方法还有以下几种：
- 按Ctrl+Alt+I组合键
- 在"项目"面板单击鼠标右键，在弹出的快捷菜单中选择"导入"→"文件"命令。
- 在"项目"面板双击鼠标。
- 选择素材文件或文件夹，直接拖动至"项目"面板。
- 执行"文件"→"在Bridge中浏览"命令，运行Adobe Bridge并浏览素材，双击需要的素材即可将其导入After Effects CC的"项目"面板。(电脑需要安装Adobe Bridge)

---

2. 导入序列文件

如果导入的素材为一个序列文件，需要在"导入文件"对话框中勾选"序列"选项，这样就可以以序列的方式导入素材，最后单击"打开"按钮完成即可导入操作。

如果只需要导入序列文件的一部分，可以在勾选"序列"选项后，框选需要导入的部分素材，再单击"导入"按钮。

3. 导入Premiere项目文件

After Effects CC可以直接导入Premiere的项目文件，并会自动为其创建一个合成，以层的形式包含其中所有素材。

执行"文件"→"导入"→"导入Adobe Premiere Pro"命令，打开"导入Adobe Premiere Pro项目"对话框，从中选择Premiere项目文件，如图2-11所示。单击"打开"按钮，系统会弹出"Premiere Pro导入器"对话框，这里选择"所有序列"，再单击"确定"按钮即可将其导入到After Effects CC，如图2-12所示。

图 2-11

图 2-12

4. 导入含有图层的素材

导入Photoshop的PSD文件和Illustrator的AI文件这类含有图层的素材文件时，After Effects CC可以保留文件中的所有信息，包括层的信息、Alpha通道、调整层、蒙版层等。用户可以选择以"素材"或"合成"的方式进行导入，如图2-13所示。

图 2-13

❗ 提示："合成"方式和"素材"方式的区别

当以"合成"方式导入素材时，After Effects CC会将整个素材做为一个合成。在合成里面，原始素材的图层信息可以得到最大限度的保留，用户可以在这些原有图层的基础上再次制作一些特效和动画，如图2-14所示。如果以"素材"方式导入素材，用户可以选择以"合并图层"的方式将原始文件的所有图层合并后再一起进行导入，也可以以"选择图层"的方式选择某些图层作为素材进行导入。选择单个图层作为素材进行导入时，可以设置导入的素材尺寸，如图2-15所示。

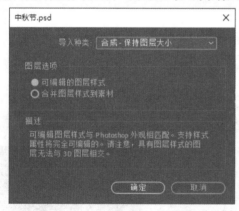

图 2-14

图 2-15

2.2 管理素材

使用After Effects CC导入大量素材之后，为保证后期制作工作有序开展，还需要对素材进行一系列的管理和解释。素材导入后皆会显示在"项目"面板中。

■2.2.1 管理素材

在实际工作中，"项目"面板中通常会显示有大量的素材，为了便于管理，可以根据其类型和使用顺序对导入的素材进行一系列的管理操作，例如：排序素材、归纳素材和搜索素材。这样不仅可以快速查找到素材，还能使其他制作人员知晓素材的用途，在团队制作中起到非常重要的作用。

1. 排序素材

在"项目"面板中，素材的排列方式以"名称""类型""尺寸""文件路径"等属性显示。如果用户需要改变素材的排列方式，可在素材的属性标签上单击，即可按照该属性进行升序排列。如图2-16和图2-17所示分别为按名称和大小排序的素材列表。

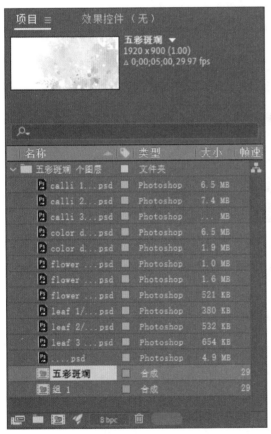

图 2-16

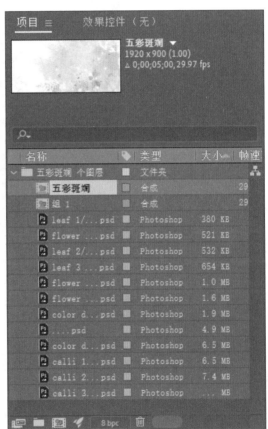

图 2-17

2. 归纳素材

归纳素材是通过创建文件夹，按照划分类型归纳素材，将不同类型的素材分别放入相应文件夹中。

执行"文件"→"新建"→"新建文件夹"命令，或是单击"项目"面板底部的"新建文件夹"选项按钮，均可创建文件夹。此时，系统默认为文件夹重命名状态，直接输入文件夹名称，并将素材拖入文件夹中即可，如图2-18所示。

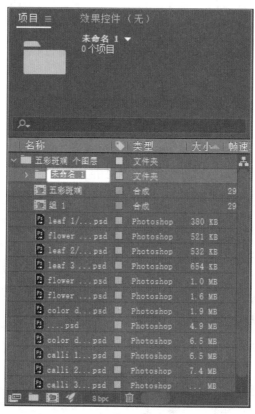

图 2-18

3. 搜索素材

当素材较多时，想要快速找到所需的素材，可在搜索框中输入相应的关键字，符合该关键字的素材或文件夹就会显示出来，其他素材则会自动隐藏。

■2.2.2 解释素材

导入素材时，系统默认根据源文件的帧速率、设置场来解释每个素材项目。当内部规则无法解释所导入的素材时，或用户需要以不同的方式使用素材，则需要通过设置解释规则来用于解释这些特殊需求的素材。

在"项目"面板中选择某个素材，依次执行"文件"→"解释素材"→"主要"命令，如图2-19所示；或直接单击"项目"面板底部的"解释素材"按钮，弹出"解释素材"对话框，如图2-20所示。利用该对话框可以对素材的Alpha通道、帧速率、开始时间码、场与Pulldown等重新进行解释。

图 2-19

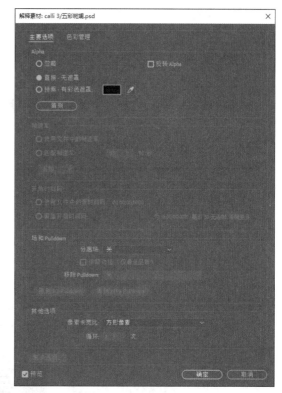

图 2-20

（1）设置Alpha通道。

如果素材带有Alpha通道，系统会打开该对话框并自动识别Alpha通道。在"Alpha"选项组中主要包括以下几种选项。

- **忽略**：忽略Alpha通道的透明信息，透明部分以黑色填充代替。
- **直通－无蒙版**：将通道解释为直通型。
- **预乘－无蒙版**：将通道解释为预乘型，并可设置蒙版颜色。
- **反转Alpha通道**：可以反转透明区域和不透明区域。
- **自动预测**：让软件自动预测素材所带的通道类型。

（2）帧速率。

帧速率是指定每秒从源素材项目对图像进行多少次采样，以及设置关键帧时所依据的时间划分方法等内容。在"帧速率"选项组中，主要包括下列两种选项：使用文件中的帧速率和匹配帧速率。

- **使用文件中的帧速率**：可以使用素材默认的帧速率进行播放。
- **匹配帧速率**：可以手动调整素材的速率。

（3）开始时间码。

设置素材的开始时间码。在"开始时间码"选项组中主要包括使用媒体开始时间码和替换开始时间码两种选项。

（4）设置场和Pulldown。

After Efftecs CC可为D1和DV视频素材自动分离场，而对于其他素材则可以选择"高场优先""低场优先"或"关"选项来设置分离场。

（5）其他选项。

- **像素纵横比：** 主要用于设置像素宽高比。
- **循环：** 设置视频循环次数，默认情况下只播放一次。
- **更多选项：** 仅在素材为Camera Raw格式时被激活。

■2.2.3 代理素材

代理素材是视频编辑中的重要概念与组成元素。在编辑影片的过程中，为了加快渲染显示，提高编辑速度，可以使用一个低质量的素材代替编辑。

占位符是一个静帧图片，以彩条方式显示，其原本的用途是标注丢失的素材文件。占位符会在以下两种情况下出现：

- 不小心删除了硬盘中的素材文件，"项目面板中的素材会自动替换为占位符"，如图2-21所示。
- 选择一个素材，单击鼠标右键，在弹出的快捷菜单中选择"替换素材"→"占位符"命令，也可以将素材替换为占位符，如图2-22所示。

图 2-21

图 2-22

2.3 认识合成

合成是影片的框架，包括视频、音频、动画文本、矢量图形等多个图层。此外，合成的作品不仅能够独立使用，还可以作为素材使用。

■2.3.1 新建合成

合成一般用来组织素材，在 After Efftecs CC中，用户既可以新建一个空白的合成，也可以根据素材新建包含素材的合成。

1. 新建空白合成

执行"合成"→"新建合成"命令，或者单击"项目"面板底部的"新建合成"按钮，即可打开"合成设置"对话框，用户可在该对话框中设置长宽尺寸、帧速率、持续时间等参数，如图2-23所示。

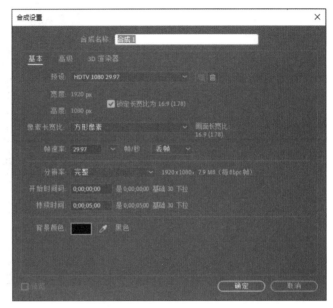

图 2-23

2. 基于单个素材新建合成

当"项目"面板中导入外部素材文件后，还可以通过素材建立合成，创建出与素材尺寸相等的合成尺寸。在"项目"面板中选中某个素材，执行"文件"→"基于所选项新建合成"命令，或者将素材拖至"项目"面板底部的"新建合成"按钮即可创建合成，如图2-24和图2-25所示。

图 2-24

图 2-25

3. 基于多个素材新建合成

在"项目"面板中同时选择多个文件，再执行"文件"→"基于所选项新建合成"命令，系统将弹出"基于所选项新建合成"对话框，用户可以设置新建合成的尺寸来源、静止持续时间等，如图2-26所示。

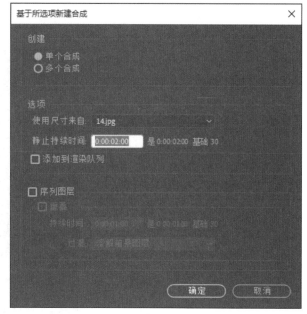

图 2-26

■2.3.2 "合成"面板

要在一个新项目中编辑、合成影片，首先要生成一个合成图像。通过使用各种素材进行编辑、合成图像。合成的图像就是将来要输出的成片。

"合成"面板主要是用来显示各个层的效果，不仅可以对层进行移动、旋转、缩放等直观的调整，还可以显示对层使用滤镜等的特效。合成面板分为预览窗口和操作区域两大部分，预览窗口主要用于显示图像，而在预览窗口的下方则为包含工具栏的操作区域，如图2-27所示。

图 2-27

默认情况下，预览窗口显示的图像是合成的第一个帧，透明的部分显示为黑色，用户也可以将其设置为显示合成帧。

■2.3.3　嵌套合成

合成的创建是为了视频动画的制作，而对于效果复杂的视频动画，还可以将其合成作为素材，放置到其他合成中，形成视频动画的嵌套合成。

1. 嵌套合成概述

嵌套合成是一个合成包含在另一个合成中，显示为其中的一个图层。嵌套合成又称为预合成，由各种素材以及合成组成。

2. 生成嵌套合成

用户可通过将现有合成添加到其他合成中的方法来创建嵌套合成。在时间轴面板中选中单个或多个图层，单击鼠标右键，在弹出的快捷菜单中选择"预合成"命令，打开"预合成"对话框，即可设置新创建的嵌套合成，如图2-28和图2-29所示。

图 2-28

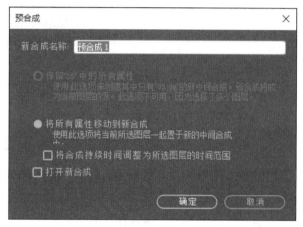

图 2-29

学习体会

经验之谈

经验一：调整素材位置

对于"合成"面板中的所有素材，用户可以利用鼠标直接拖动调整素材位置，也可以使用"↑↓←→"键进行微调。

如果需要精确地对齐素材，则需要利用到"对齐"面板中的功能，如图2-30所示。该面板中提供了左对齐、水平对齐、右对齐、顶对齐、垂直对齐、左对齐等多种对齐方式。

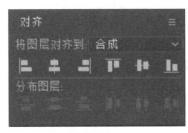

图 2-30

经验二：替换素材

用户可以使用一个素材来替换另一个素材，被替换素材上所有的操作将会被集成在新的素材上。

选择要替换的素材，单击鼠标右键，在弹出的快捷菜单中选择"替换素材"→"文件"命令，系统会打开"替换素材文件"对话框，从中选择新的素材即可，如图2-31所示。

图 2-31

上手实操

为了能够更好地掌握本章所学的知识内容，下面安排了两个实操习题，让用户动起手来练一练，以达到温故知新的目的。

实操一：为项目替换新的素材

在项目的进行过程中，如果使用的素材不理想或者出现素材丢失的情况，用户可以通过替换素材的方式来解决。

步骤 01 在"项目"面板右键单击要替换的素材，执行"替换素材"→"文件"命令。

步骤 02 打开"替换素材文件"对话框，选择新的素材文件，如图2-32所示。单击"导入"按钮即可导入新的素材。

图 2-32

实操二：归纳项目中的素材

After Effects CC的"整理工程"功能可以快速地帮助用户将项目中的素材文件整理到一个文件夹中。

步骤 01 执行"文件"→"整理工程（文件）"→"收集文件"命令，打开"收集文件"对话框，这里选择收集全部，如图2-33所示。

步骤 02 单击"收集"按钮，会打开"将文件收集到文件夹中"的对话框，指定目标路径，如图2-34所示。单击"保存"按钮即可将素材归纳到目标文件夹。

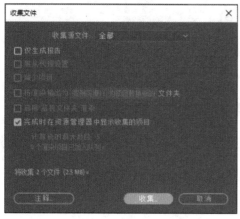

图 2-33

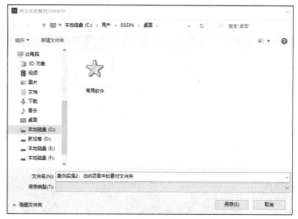

图 2-34

第 **3** 章

图层基础知识

内容概要

　　After Effects CC是一个层级式的影视后期处理软件，"图层"的概念贯穿整个项目制作过程。无论是创作合成、动画还是特效处理等操作都离不开图层。在"时间轴"面板中，所有的素材都是以图层的方式按照上下位置关系依次排列组合的，如导入素材、添加效果、设置参数、创建关键帧等对图层的操作都可以在时间轴面板中完成。可以说图层是学习After Effects的基础。因此，制作动态影像的第一步就是真正了解和掌握图层。

　　本章将详细介绍AfterEffects CC图层的类型、属性、创建方法、混合模式以及图层的基本操作等内容。

知识要点

- 了解图层的概念。
- 掌握图层的基本操作。
- 熟悉图层样式。
- 了解图层分类。
- 熟悉图层混合模式的应用。
- 熟悉关键帧动画的制作。

数字资源

【本章案例素材来源】："素材文件\第3章"目录下

【本章案例最终文件】："素材文件\第3章\案例精讲\制作舞台动画效果.aep"

案例精讲 制作舞台动画效果

下面利用本章所学的图层知识制作一个舞台动画效果。具体操作步骤介绍如下。

扫码观看视频

步骤 01 新建项目。执行"合成"→"新建合成"命令，打开"合成设置"对话框，选择预设合成类型为"HDV/HDTV 720 29.97"，再设置持续时间为0:00:05:00，如图3-1所示。

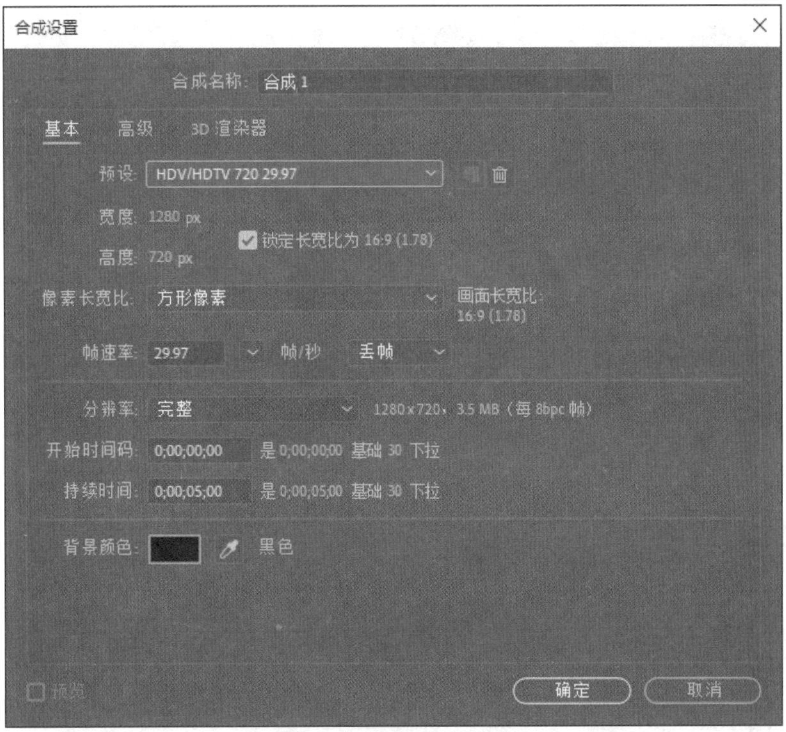

图 3-1

步骤 02 单击"确定"按钮关闭对话框，即可创建新的合成。

步骤 03 执行"图层"→"新建"→"纯色"命令，打开"纯色设置"对话框，单击色块打开"纯色"对话框，设置图层颜色，其余参数保持默认，如图3-2和图3-3所示。

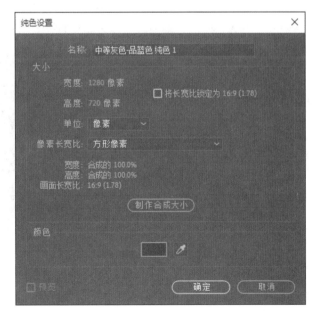

图 3-2

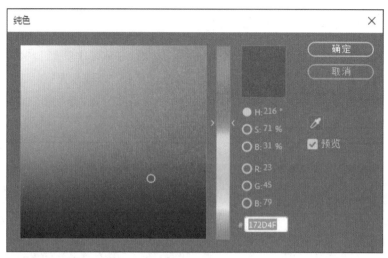

图 3-3

步骤 **04** 单击"确定"按钮，创建纯色图层。

步骤 **05** 创建一个纯色图层，将其置于图层列表上方，如图3-4所示。

图 3-4

步骤 **06** 在"合成"面板中调整图层比例，并对齐到顶部，如图3-5所示。

图 3-5

步骤07 选择图层，执行"图层"→"3D图层"命令，将两个图层都转换为3D图层。

步骤08 执行"图层"→"新建"→"灯光"命令，打开"灯光设置"对话框，保持默认参数，如图3-6所示。

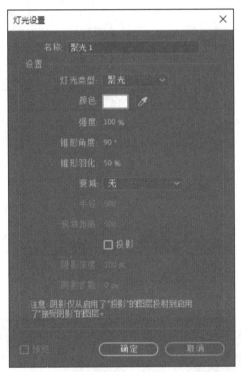

图 3-6

步骤09 单击"确定"按钮创建灯光图层，如图3-7所示。

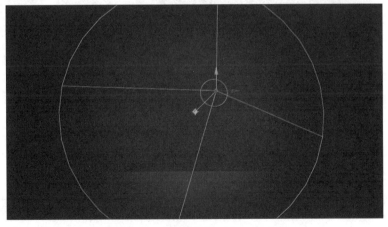

图 3-7

步骤10 在"时间轴"面板展开属性列表，设置目标点、位置、强度、锥形角度、锥形羽化等参数，如图3-8所示。

图 3-8

步骤 11 设置后可以在"合成"面板看到灯光效果，如图3-9所示。

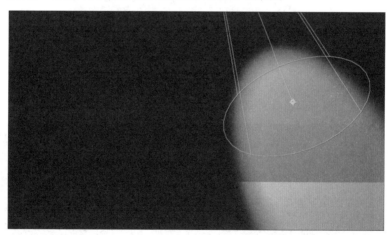

图 3-9

步骤 12 将时间线移动至0:00:00:10位置，为"锥形角度"属性添加关键帧，再将时间线移动至0:00:00:00，添加新的关键帧，设置锥形角度为0°，如图3-10和图3-11所示。

图 3-10

图 3-11

步骤 13 按空格键预览动画，可以看到光束打开的效果。

步骤 14 将时间线移动至0:00:01:00位置，为"目标点"属性添加关键帧，再将时间线移动至0:00:02:00，继续添加关键帧，设置目标点位置为（760.0,300.0,-100.0），如图3-12和图3-13所示。

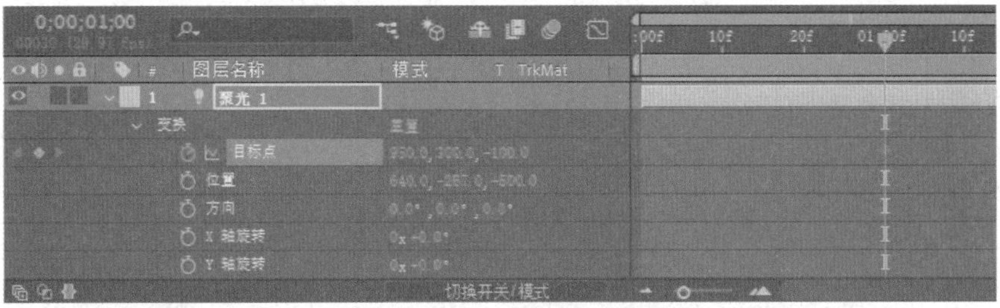

图 3-12

图 3-13

步骤 15 在"合成"面板可以看到光束的移动，如图3-14所示。

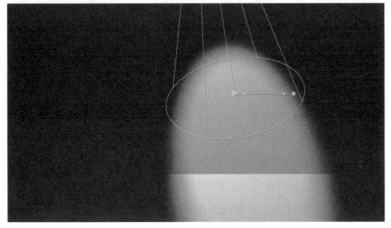

图 3-14

步骤16 照此方式，继续在0:00:03:00和0:00:04:00位置添加关键帧，并设置目标点位置，如图3-15所示。

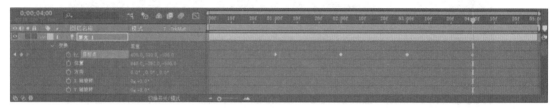

图 3-15

步骤17 将人物剪影素材依次导入至"项目"面板，选择"素材1"并拖动至"时间轴"面板，将时间线移动至0:00:01:00，再缩放素材至合适大小，将其移动到灯光下，如图3-16所示。

图 3-16

步骤18 打开属性列表，将时间线移动至0:00:01:00位置，为"不透明度"属性添加关键帧；然后分别在0:00:00:00和0:00:02:00的位置添加关键帧，并设置不透明度为0%，如图3-17所示。

图 3-17

步骤19 按空格键预览动画，可以看到人物剪影淡入淡出的效果。

步骤20 选择人物剪影"素材2"并拖动至"时间轴"面板，将时间线移动至0:00:02:00，再缩放素材至合适大小，将其移动到灯光下，如图3-18所示。

图 3-18

步骤21 展开属性列表，为"不透明度"属性添加关键帧，然后在0:00:01:00和0:00:03:00的位置分别添加关键帧，并设置不透明度为0%，如图3-19所示。

图 3-19

步骤22 照此操作方法，依次导入"素材3"和"素材4"，并分别为其"不透明度"参数创建关键帧，制作淡入淡出效果。

步骤23 设置完毕后，按空格键预览动画效果，如图3-20所示。

图 3-20

步骤 24 保存项目文件，至此完成本案例的制作。

边用边学

3.1 了解图层概念

在After Effects CC中，无论是创作项目合成、动画还是特效处理等操作都离不开图层。因此，学习动态影像制作的第一步就是真正了解和掌握图层。"合成"面板中的素材都是以图层的方式显示在"时间轴"面板，并按照顺序排列组合。

After Effects CC除了可以导入视频、音频、图像、序列等素材外，还可以创建不同类型的图层，包括文本、纯色、灯光、摄像机等，如图3-21所示。

图 3-21

1. 素材图层

素材图层是After Effects CC中最常见的图层，将图像、视频、音频等素材从外部导入到After Effects CC软件中，然后添加到时间轴面板，会自然形成图层，用户可以对其进行移动、缩放、旋转等操作。

2. 文本图层

使用文本图层可以快速地创建文字，并对文本图层制作文字动画，还可以进行移动、缩放、旋转及透明度的调节。

3. 纯色图层

在After Effects CC中，可以创建任何颜色和尺寸（最大尺寸可达30 000×30 000像素）的纯色图层，纯色图层和其他素材图层一样，可以创建遮罩，也可以修改图层的变换属性，还可以添加特效。纯色图层主要用来制作影片中的蒙版效果，同时也可以作为承载编辑的图层。

执行"图层"→"新建"→"纯色"命令，打开"纯色设置"对话框，在该对话框中可以设置纯色图层的名称、大小、像素长宽比及颜色等参数，如图3-22所示。

4. 灯光图层

灯光图层主要用来模拟不同种类的真实光源，而且可以模拟出真实的阴影效果。执行"图层"→"新建"→"灯光"命令，打开"灯光设置"对话框，在该对话框中可以设置灯光的名称、类型、颜色、强度、角度、羽化、投影等参数，如图3-23所示。

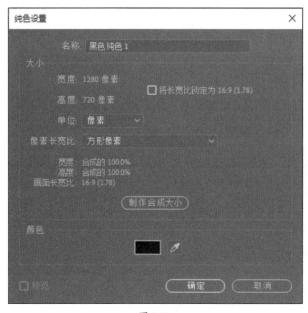

图 3-22

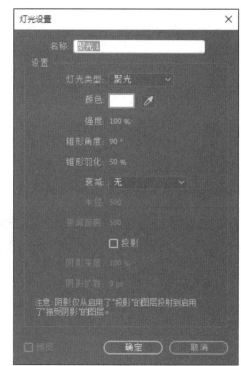

图 3-23

5. 摄像机图层

摄像机图层常用来起固定视角的作用，并且可以制作摄像机动画，模拟真实的摄像机移动效果。在创建摄像机图层时，系统会弹出"摄像机设置"对话框，用户可以设置摄像机的名称、焦距等参数，如图3-24所示。在"图层"面板中也可以对摄像机参数进行设置，如图3-25所示。

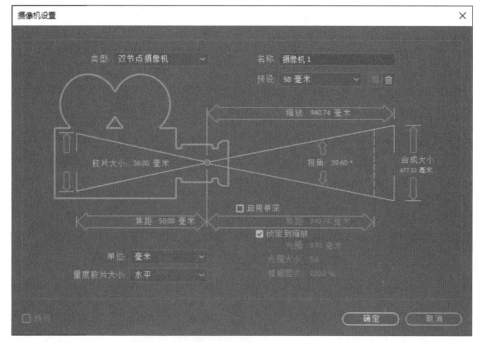

图 3-24

图 3-25

6. 空对象图层

空对象图层可以在素材上进行效果和动画设置，以及起到制作辅助动画的作用。

7. 形状图层

形状图层可以制作多种矢量图形效果。在不选择任何图层的情况下，使用"遮罩"工具或"钢笔"工具直接在"合成"窗口中绘制形状。

8. 调整图层

调整图层可以用来辅助影片素材进行色彩和效果调节，并且不影响素材本身。调整图层可以对该层下的所有图层起作用。

9. Photoshop图层

执行"图层"→"新建"→"Adobe Photoshop文件"命令，也可以创建Photoshop文件，只不过这个文件只是作为素材显示在"项目"面板，其文件的尺寸大小和最近打开的合成大小一致。

3.2 图层的基本操作

利用图层的功能，不仅可以放置各种类型的素材对象，还可以对图层进行一系列的操作，以查看和确定素材的播放时间、顺序和编辑情况，这些操作都需要在"时间轴"面板中进行。

■3.2.1 创建图层

After Effects CC引入了Photoshop中图层的概念，不仅能够导入Photoshop生成的层文件，还可在合成中创建层文件。用户可以通过以下方式创建图层。

1. 创建新的图层

执行"图层"→"新建"命令，在展开的子菜单中选择需要创建的图层类型即可创建相应的图层，如图3-26所示。

图 3-26

在"时间轴"面板的空白处单击鼠标右键，在弹出的菜单中选择"新建"命令，并在子菜单中选择所需图层类型，也可以创建出需要的图层类型，如图3-27所示。

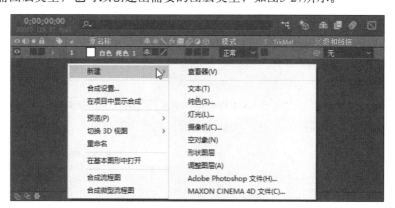

图 3-27

2. 由素材创建图层

用户可以根据"项目"面板中的素材创建层。将"项目"面板拖动至"时间轴"即可生成一个图层。

⊘ 提示： 将素材放置到"时间轴"面板有多种方式。
- 将"项目"面板中的素材直接拖动至"时间轴"面板。
- 将"项目"面板中的素材直接拖动至"合成"面板。

---

3. 由剪辑的素材创建图层

对于已经创建的层，用户可以通过复制、拆分、提升、提取等操作创建出相同内容的新的图层。

■3.2.2 选择图层

在对素材进行编辑之前，需要先将其选中，在After Effects中用户可以通过多种方法选择图层。

- 在"时间轴"面板中单击选择图层。
- 在"合成"面板中单击想要选中的素材，在时间轴面板中可以看到其对应的图层已被选中。
- 在键盘右侧的数字键盘中按图层对应的数字键，即可选中相对应的图层。

用户可以通过以下方法选择多个图层。

- 在时间轴的空白处按住并拖动鼠标，框选图层。
- 按住Ctrl键的同时，依次单击图层即可加选这些图层。
- 单击选择起始图层，按住Shift键的同时再单击选择结束图层，即可选中起始图层和结束图层及其之间的图层。

■3.2.3 重命名图层

对于素材量比较庞大的项目文件，用户可以对图层名称进行重命名，这样在查找素材时就会一目了然。操作方法包括以下几种。

- 选择图层，然后按Enter键，此时图层名称会进入编辑状态，输入新的图层名即可，如图3-28所示。
- 选择图层，单击鼠标右键，在弹出的快捷菜单中选择"重命名"命令。

图 3-28

■3.2.4 复制图层

在项目制作过程中，常会遇到需要复制图层的时候，用户可以通过以下方式复制图层。

- 在"时间轴"面板选择要复制的图层，执行"编辑"→"复制"和"编辑"→"粘贴"命令即可复制图层。
- 选择要复制的图层，分别按Ctrl+C和Ctrl+V组合键，即可复制图层。
- 选择要复制的图层，按Ctrl+D组合键，即可创建图层副本。

■3.2.5 删除图层

对于"时间轴"面板中不需要的图层，可选择将其删除。用户可通过以下方式删除图层。

- 在"时间轴"面板中选择需要删除的图层，按Delete键可以快速删除选中的图层。
- 选择需要删除的图层，按Backspace键删除。
- 选择需要删除的图层，执行"编辑清除"命令即可将图层删除。

■3.2.6 提升/提取图层

在一段视频素材中，有时候需要移除其中的某几个片段，这就需要使用到"提升工作区域"和"提取工作区域"命令。这两个命令都具备移除部分镜头的功能，但有一定的区别。

使用"提升工作区域"命令可以移除工作区域内被选择图层的帧画面，但是被选择图层所构成的总时间长度不变，中间会保留删除后的空隙，前后对比如图3-29和图3-30所示。

图 3-29

图 3-30

使用"提取工作区域"命令可以移除工作区域内被选择图层的帧画面，但是被选择图层所构成的总时间长度会缩短，同时图层会被剪切成两段，后段的入点将连接前段的出点，不会留下任何空隙，如图3-31所示。

图 3-31

■3.2.7 拆分图层

在After Effects CC中，可以通过时间轴面板，将一个图层在指定的时间处拆分为多个独立的图层，以方便用户在不同图层中进行不同的处理。

在"时间轴"面板中，选择需要拆分的图层，将时间指示器移到需要拆分图层的位置，依次执行"编辑"→"拆分图层"命令，即可对所选图层进行拆分，拆分前后对比效果如图3-32和图3-33所示。

图 3-32

图 3-33

3.3 图层基本属性

在After Effects CC中，图层属性在制作动画特效时占据着非常重要的地位。除了单独的音频图层以外，其余所有图层都具备5个基本变换属性，分别是锚点、位置、缩放、旋转和不透明度。在"时间轴"面板单击展开按钮，即可编辑图层属性，如图3-34所示。

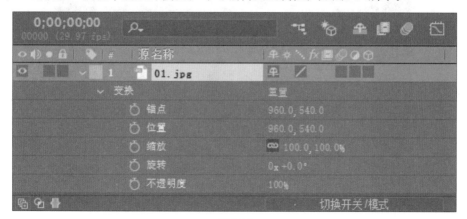

图 3-34

1. 锚点

锚点是图层的轴心点，控制图层的旋转或移动中心。图层的其他4个属性都是基于锚点进行操作的，进行位移、旋转或缩放操作时，选择不同位置的轴心点将得到完全不同的视觉效果。

2. 位置

图层位置是指图层对象的位置坐标，主要用来制作图层的位移动画，普通的二维图层包括x轴和y轴两个参数，三维图层则包括x轴、y轴和z轴3个参数。用户可以使用横向的x轴和纵向的y轴，精确地调整图层的位置。

3. 缩放

缩放属性用于控制图层的缩放百分比，用户可以以轴心点为基准来改变图层的大小，如图3-35所示。在缩放图层时，用户可以开启图层缩放属性前的"锁定缩放"按钮，这样可以进行等比例缩放操作。

图 3-35

4. 旋转

图层的旋转属性不仅提供了用于定义图层对象角度的旋转角度参数，还提供了用于制作旋转动画效果的旋转圈数参数。普通二维图层的旋转属性由"圈数"和"度数"两个参数组成，如1x+45°就表示旋转了1圈又45°（也就是105°），设置素材旋转参数的效果如图3-36所示。

图 3-36

5. 不透明度

该属性是以百分比的方式来调整图层的不透明度，从而设置图层的透明效果，用户可以通过上面的图层查看到下面图层对象的状态。设置素材不同透明度参数的效果如图3-37所示。

图 3-37

⚠ 提示：一般情况下，图层属性的快捷键一次只能显示一种属性。如果想要一次显示两种或两种以上的图层属性，可以在显示一个图层属性的前提下按住Shift键，然后再按其他图层属性的快捷键，这样就可以显示出多个图层的属性。

3.4 图层混合模式

与Photoshop类似，After Effects CC中图层模式的应用十分重要，图层之间可以通过图层模式控制上层与下层的融合效果。After Effects CC中的混合模式都是定义在相关图层上的，而不能定义到置入的素材上，也就是说必须将一个素材置入到合成图像的时间线面板中，才能定义它的混合模式。

执行"图层"→"混合模式"命令即可看到混合模式列表，After Effects CC提供了38种混合模式，如图3-38所示。

图 3-38

■ 3.4.1 普通模式

在普通模式组中，主要包括"正常""溶解"和"动态抖动溶解"3种混合模式。在没有透明度影响的前提下，这种类型的混合模式产生最终效果的颜色不会受底层像素颜色的影响，除非底层像素的不透明度小于当前图层。

（1）"正常"模式。

"正常"模式是日常工作中最常用的图层混合模式，如图3-39所示。当不透明度为100%时，此混合模式将根据Alpha通道正常显示当前层，并且此层的显示不受到其他层的影响；当不透明度小于100%时，当前层的每一个像素点的颜色都将受到其他层的影响，会根据当前的不透明度值和其他层的色彩确定显示的颜色。

（2）"溶解"模式。

该混合模式用于控制层与层之间的融合显示，对于有羽化边界的层有较大影响。如果当前层没有遮罩羽化边界，或者该层设定为完全不透明，则该模式几乎是不起作用的，所以该混合模式的最终效果受当前层Alpha通道的羽化程度和不透明的影响。图3-40为在带有Alpha通道的图层上选择"溶解"模式并设置不透明度后的效果。

图 3-39   图 3-40

（3）动态抖动溶解。

该混合模式与"溶解"混合模式的原理类似，只不过"动态抖动溶解"模式可以随时更新颗粒值，而"溶解"模式的颗粒值是不变的。

■ 3.4.2 变暗模式

变暗模式组中的混合模式可以使图像的整体颜色变暗，主要包括"变暗""相乘""颜色加深""经典颜色加深""线性加深"和"较深颜色"6种，其中"变暗"和"相乘"是使用频率较高的混合模式。

（1）变暗。

选中该混合模式后，软件会查看每个通道中的颜色信息，并选择基色或混合色中较暗的颜色作为结果色，即替换比混合色亮的颜色，而比混合色暗的颜色保持不变。图3-41和图3-42为选择"变暗"模式后的效果对比。

图 3-41   图 3-42

（2）相乘。

对于每个颜色通道，将源颜色通道值与基础颜色通道值相乘，再除以8-bpc、16-bpc或33-bpc像素的最大值（具体取决于项目的颜色深度），结果颜色决不会比原始颜色明亮。如果任一输入颜色是黑色，则结果颜色是黑色。如果任一输入颜色是白色，则结果颜色是其他输入颜色。此混合模式模拟在纸上用多个记号笔绘图或将多个彩色透明滤光板置于光源前。在与除黑色或白色之外的颜色混合时，具有此混合模式的每个图层或画笔将生成深色，如图3-43所示。

（3）颜色加深。

选择该混合模式时，软件会查看每个通道中的颜色信息，并通过增加对比度使基色变暗以反映混合色，与白色混合不会发生变化，如图3-44所示。

图 3-43   图 3-44

（4）经典颜色加深。

该混合模式其实就是After Effects CC 5.0以前版本中的"颜色加深"模式，为了让旧版的文件在新版软件中打开时保持原始的状态，因此保留了这个旧版的"颜色加深"模式，并被命名为"经典颜色加深"模式。

（5）线性加深。

选择该混合模式时，软件会查看每个通道中的颜色信息，并通过减小亮度使基色变暗以反映混合色，与白色混合不会发生变化，如图3-45所示。

（6）较深的颜色。

每个结果像素是源颜色值和相应的基础颜色值中的较深颜色。"较深的颜色"类似于"变暗"，但是"较深的颜色"不对各个颜色通道执行操作，如图3-46所示。

图 3-45 　　　　　　　　　　　　　　　　图 3-46

■3.4.3　添加模式

"添加"模式组中的混合模式可以使当前图像中的黑色消失，从而使颜色变亮，包括"相加""变亮""屏幕""颜色减淡""经典颜色减淡""线性减淡"和"较浅的颜色"7种，其中"相加"和"屏幕"是使用频率较高的混合模式。

（1）相加。

选择该混合模式时，将比较混合色和基色的所有通道值的总和，并显示通道值较小的颜色。"相加"混合模式不会产生第3种颜色，因为它是从基色和混合色中选择通道最小的颜色来创建结果色的，图3-47和图3-48为使用"相加"模式的效果对比。

图 3-47 　　　　　　　　　　　　　　　　图 3-48

（2）变亮。

选中该混合模式后，软件会查看每个通道中的颜色信息，并选择基色或混合色中较亮的颜色作为结果色，即替换比混合色暗的颜色，而比混合色亮的颜色保持不变，如图3-49所示。

（3）屏幕。

该混合模式是种加色混合模式，具有将颜色相加的效果。由于黑色意味着RGB通道值为0，所以该模式与黑色混合没有任何效果，而与白色混合则得到RGB颜色的最大值白色，如图3-50所示。

图 3-49

图 3-50

（4）颜色减淡。

选择该混合模式时，软件会查看每个通道中的颜色信息，并通过减小对比度使基色变亮以反映混合色，与黑色混合则不会发生变化，如图3-51所示。

（5）经典颜色减淡。

该混合模式其实就是After Effects CC 5.0以前版本中的"颜色减淡"模式，为了让旧版的文件在新版软件中打开时保持原始的状态，因此保留了这个旧版的"颜色减淡"模式，并被命名为"经典颜色减淡"模式。

（6）线性减淡。

选择该混合模式时，软件会查看每个通道中的颜色信息，并通过增加亮度使基色变亮以反映混合色，与黑色混合不会发生变化，如图3-52所示。

图 3-51

图 3-52

（7）较浅的颜色。

每个结果颜色是源颜色值和相应的基础颜色值中较亮的颜色。"较浅的颜色"类似于"变亮"，但是"较浅的颜色"不对各个颜色通道执行操作，如图3-53所示。

图 3-53

■3.4.4　相交模式

相交模式组中的混合模式在进行混合时50%的灰色会完全消失，任何高于50%的区域可能加亮下方的图像，而低于50%的灰色区域可能使下方图像变暗，该模式组包括"叠加""柔光""强光""线性光""亮光""点光"和"纯色混合"7种混合模式，其中"叠加"和"柔光"两种模式的使用频率较高。

（1）叠加。

该混合模式可以根据底层的颜色，将当前层的像素相乘或覆盖。该模式可以导致当前层变亮或变暗。该模式对于中间色调影响较明显，对于高亮度区域和暗调区域影响不大，如图3-54和图3-55所示为应用"叠加"模式的效果对比。

图 3-54

图 3-55

（2）柔光。

该混合模式可以创造种光线照射的效果，使亮度区域变得更亮，暗调区域将变得更暗。如果混合色比50%灰色亮，则图像会变亮；如果混合色比50%灰色暗，则图像会变暗。柔光的效果取决于层的颜色，用纯黑色或纯白色作为层颜色时，会产生明显较暗或较亮的区域，但不会产生纯黑色或纯白色，如图3-56所示。

（3）强光。

该混合模式可以对颜色进行正片叠底或屏幕处理，具体效果取决于混合色。如果混合色比50%灰度亮，就是屏幕效果，此时图像会变亮；如果混合色比50%灰度暗，就是正片叠底效果，此时图像会变暗。使用纯黑色和纯白色绘图时会出现纯黑色和纯白色，如图3-57所示。

图 3-56

图 3-57

（4）线性光。

该混合模式可以通过减小或增加亮度来加深或减淡颜色，具体效果取决于混合色。如果混合色比50%灰度亮，则会通过增加亮度使图像变亮；如果混合色比50%灰度暗，则会通过减小亮度使图像变暗，如图3-58所示。

（5）亮光。

该混合模式可以通过减小或增加对比度来加深或减淡颜色，具体效果取决于混合色。如果混合色比50%灰度亮，则会通过增加对比度使图像变亮；如果混合色比50%灰度暗，则会通过减小对比度使图像变暗，如图3-59所示。

图 3-58

图 3-59

（6）点光。

该混合模式可以根据混合色替换颜色。如果混合色比50%灰色亮，则会替换比混合色暗的颜色，而不改变比混合色亮的颜色；如果混合色比50%灰色暗，则会替换比混合色亮的颜色，而比混合色暗的颜色保持不变，如图3-60所示。

（7）纯色混合。

当选中该混合模式后，将把混合颜色的红色、绿色和蓝色的通道值添加到基色的RGB值中。如果通道值的总和大于或等于255，则值为255；如果小于255，则值为0。因此，所有混合像素的红色、绿色和蓝色通道值不是0就是255，这会使所有像素都更改为原色，即红色、绿色、蓝色、青色、黄色、洋红色、白色或黑色，如图3-61所示。

图3-60　　　　　　　　　　　　　　　　　图3-61

■3.4.5　反差模式

反差模式组中的混合模式可以基于源颜色和基础颜色值之间的差异创建颜色，包括"差值""经典差值""排除""相减"和"相除"5种混合模式。

（1）差值。

选中该混合模式后，软件会查看每个通道中的颜色信息，并从基色中减去混合色，或从混合色中减去基色，具体操作取决于哪个颜色的亮度值更大。与白色混合将反转基色值，与黑色混合则不产生变化。图3-62和图3-63为选择"差值"模式前后的效果。

图3-62　　　　　　　　　　　　　　　　　图3-63

（2）经典差值。

After Effects CC 5.0和更低版本中的"差值"模式已重命名为"经典差值"。使用它可保持与早期项目的兼容性，也可使用"差值"。

（3）排除。

选中该混合模式后，会创建一种与"差值"模式相似但对比度更低的效果，与白色混合将反转基色值，与黑色混合则不会发生变化，如图3-64所示。

（4）相减。

该模式从基础颜色中减去源颜色。如果源颜色是黑色，则结果颜色是基础颜色。在33-bpc项目中，结果颜色值可以小于0，如图3-65所示。

图 3-64   图 3-65

！提示： 如果要对齐两个图层中的相同视觉元素，可将一个图层放置在另一个图层上面，并将顶端图层的混合模式设置为"差值"。然后，移动一个图层或另一个图层，直到要排列的视觉元素的像素都是黑色，这意味着颜色之间的差值是零，因此一个元素完全堆积在另一个元素上面。

（5）相除。

基础颜色除以源颜色。如果源颜色是白色，则结果颜色是基础颜色。在33-bpc项目中，结果颜色值可以大于1.0，如图3-66所示。

图 3-66

■ 3.4.6 颜色模式

颜色模式组中的混合模式是将色相、饱和度和发光度三要素中的一种或两种应用在图像上，包括"色相""饱和度""颜色"和"发光度"4种。

（1）色相。

"色相"模式可以将当前图层的色相应用到底层图像的亮度和饱和度中，可以改变底层图像的色相，但不会影响其亮度和饱和度。对于黑色、白色和灰色区域，该模式将不起作用。如图3-67和图3-68所示为选择"色相"模式后的效果对比。

图 3-67　　　　　　　　　　　　　　　　　　图 3-68

（2）饱和度。

选中该模式，用基色的明亮度和色相以及混合色的饱和度创建结果色。在灰色的区域不会发生变化，如图3-69所示。

（3）颜色。

选中该混合模式，用基色的明亮度以及混合色的色相和饱和度创建结果色，这样可以保留图像中的灰阶，并且对于给单色图像上色或给彩色图像着色都会非常有用，如图3-70所示。

图 3-69　　　　　　　　　　　　　　　　　　图 3-70

（4）发光度。

选中该混合模式，用基色的色相和饱和度以及混合色的明亮度创建结果色，此混色可以创建与"颜色"模式相反的效果，如图3-71所示。

图 3-71

■3.4.7　Alpha模式

Alpha模式组中的混合模式是After Effects CC特有的混合模式，它将两个重叠中不相交的部分保留，使相交的部分透明化，包括"模板Alpha""模板亮度""轮廓Alpha""轮廓亮度""Alpha添加"和"冷光预乘"6种。

（1）模板Alpha。

选中该混合模式时，依据上层的Alpha通道显示以下所有层的图像，相当于依据上面层的Alpha通道进行剪影处理。

（2）模板亮度。

选中该混合模式时，依据上层图像的亮度信息来决定以下所有层的图像的不透明度信息，亮的区域会完全显示下面的所有图层；暗的区域和没有像素的区域则完全不显示以下所有图层；灰色区域将依据其灰度值决定以下图层的不透明程度，如图3-72所示。

（3）轮廓Alpha。

该模式可以通过当前图层的Alpha通道影响底层图像，使受影响的区域被剪切掉，得到的效果与"模版Alpha"混合模式的效果正好相反。

（4）轮廓亮度。

选中该混合模式，得到的效果与"模版亮度"混合模式的效果正好相反，如图3-73所示。

图 3-72

图 3-73

■3.4.8　共享模式

共享模式主要包括"Alpha添加"和"冷光预乘"两种混合模式。这种类型的混合模式都可以使底层与当前图层的Alpha通道或透明区域像素产生相互作用。

（1）Alpha添加。

使用该混合模式后，可以从两个相互反转的Alpha通道或从两个接触的动画图层的Alpha通道边缘删除可见边缘，从而创建无缝的透明区域。

！提示： 在图层边对边对齐时，图层之间有时会出现接缝，尤其是在边缘处相互连接以生成3D对象的3D图层的问题。在图层边缘消除锯齿时，边缘具有部分透明度。在两个50%透明区域重叠时，结果不是100%不透明，而是75%不透明，因为默认操作是乘法。

但是，在某些情况下不需要此默认混合。如果需要两个50%不透明区域组合以进行无缝不透明连接，需要添加Alpha值，在这类情况下，可使用"Alpha添加"混合模式。

（2）冷光预乘。

在合成之后，通过将超Alpha通道值的颜色值添加到合成中以防止修剪这些颜色值。用于使用预乘Alpha通道从素材合成渲染镜头或光照效果（例如镜头光晕）。应用此模式时，可以通过将预乘Alpha源素材的解释更改为"直接Alpha"来获得最佳结果。

3.5　图层样式

After Effects CC中的图层样式与Photoshop中的图层样式相似，能够快速制作出发光、投影、描边等效果，是提升作品品质的重要手段之一。

执行"图层"→"图层样式"命令即可看到图层样式列表，After Effects CC提供了9种图层样式，如图3-74所示。

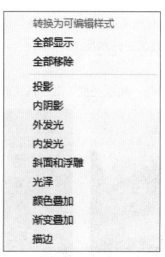

图 3-74

- **投影**："投影"样式可以为图层增加阴影效果，如图3-75所示。
- **内阴影**："内阴影"样式可为图层内部添加阴影效果，从而呈现出立体感，如图3-76所示。

图 3-75

图 3-76

- **外发光**："外发光"样式可以产生图层外部的发光效果，如图3-77所示。
- **内发光**："内发光"样式可以产生图层内部的发光效果，如图3-78所示。

图 3-77

图 3-78

- **斜面和浮雕**："斜面和浮雕"样式可以模拟冲压状态，为图层制作出浮雕效果，增加图层的立体感，如图3-79所示。
- **光泽**："光泽"样式可以使图层表面产生光滑的丝绸效果或金属质感效果，如图3-80所示。

图 3-79

图 3-80

- **颜色叠加**："颜色叠加"样式可以在图层上方叠加新的颜色，图3-81为设置了"溶解"混合模式的样式效果。
- **渐变叠加**："渐变叠加"样式可以在图层上方叠加渐变颜色，图3-82为设置了"点光"混合模式的样式效果。

图 3-81

图 3-82

- **描边**："描边"样式可以使用颜色为当前图层的轮廓描边，从而使图层轮廓更加清晰，图3-83为图层添加了白色描边的效果。

图 3-83

3.6　关键帧动画

　　视频是由一张张相互关联的画面组成的，每幅画面就是一帧，这些画面相互联系又相互区别，这样若干个画面以一定的速度连接起来按顺序播放，就形成了视频。关键帧是指动画关键的时刻，至少要包含两个关键时刻，才能构成动画。用户可以通过设置动作、效果、音频以及多种其他属性的参数使画面形成连贯的动画效果。

■3.6.1 关键帧类型

关键帧是后期制作经常用到的计算机动画术语，不同软件会有不同的关键帧类型，不同的关键帧类型可以完成不同的动画效果。After Effects CC中有多种关键帧类型，如图3-84所示。

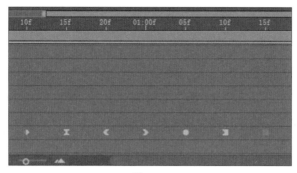

图 3-84

- **菱形关键帧**：最基本最普通的关键帧。
- **缓入缓出关键帧**：能够使动画运动变得平滑，按F9键可以实现。
- **箭头形状关键帧**：与上一个关键帧类似，只是实现动画的一段平滑，包括入点平滑关键帧和出点平滑关键帧。
- **圆形关键帧**：属于平滑类关键帧，可以使动画曲线变得平滑可控。
- **正方形关键帧**：这种关键帧比较特殊，是硬性变化的关键帧。在文字变换动画中常用，可以在一个文字图层改变多个文字源，以实现不同的多个图层制作出不一样的文字变换的效果。在文字层的来源文字选项上添加关键帧就是改类型。
- **停止关键帧**：可以使该期间的动画停止。

■3.6.2 创建关键帧

关键帧的创建是在"时间轴"面板中进行的，创建关键帧就是通过图层属性值的变化设置动画转折点。在"时间轴"面板中，每个图层都有自己的属性，展开属性列表后会发现，每个属性左侧都会有个"时间变化秒表" ◎图标，它是关键帧的控制器，记录着关键帧的变化，也是设定动画关键帧的关键。

单击"时间变化秒表"图标，即可激活关键帧，从此时开始，无论是修改属性参数，还是在合成窗口中修改图像对象，都会被记录成关键帧。再次单击"时间变化秒表"图标按钮，会移除所有关键帧。

单击属性左侧的"在当前时间添加或移除关键帧"按钮，可以添加多个关键帧，并且会在时间线区域显示成■图标，如图3-85所示。

图 3-85

■3.6.3　设置关键帧

创建关键帧后，用户可以根据需要对其进行选择、移动、复制、删除等编辑操作。

1. 选择关键帧

如果要选择关键帧，直接在时间轴面板单击▇图标即可。如果要选择多个关键帧，按住Shift键的同时框选或者单击多个关键帧即可。

2. 复制关键帧

如果要复制关键帧，可以选择要复制的关键帧，执行"编辑"→"复制"命令，将时间线移动至需要被复制的位置，再执行"编辑"→"粘贴"命令即可。也可利用Ctrl+C和Ctrl+V组合键进行复制和粘贴操作。

3. 移动关键帧

单击并按住关键帧，拖动鼠标即可移动关键帧。

4. 删除关键帧

选择关键帧，执行"编辑"→"清除"命令即可将其删除，也可直接按Delete键删除。

■3.6.4　图表编辑器

用户设置了关键帧后，After Effects会自动在关键帧之间插入中间过渡值，该值被称为插值，用于形成连续的动画。

关键帧之间的运动和变化形式可以有很多种，可以是匀速运动，也可以是时快时慢的变速运动。图表编辑器可以随意地制作运动动画，在编辑动画的过程中，使用图表编辑器可以编辑带有运动缓冲的画面，其比较接近现实中的运动效果。

在"时间轴"面板单击按钮▧，即可打开图表编辑器，如图3-86所示。

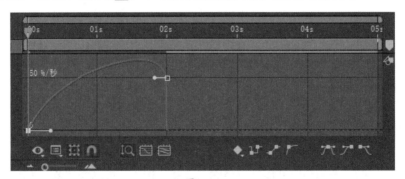

图 3-86

经验之谈

经验一：重命名图层

图层创建完毕后，用户可对图层名称进行重命名操作，以便于查看。选择图层并单击鼠标右键，在弹出的快捷菜单中选择"重命名"命令，如图3-87所示。选择图层后按Enter键，也可重新命名图层，如图3-88所示。

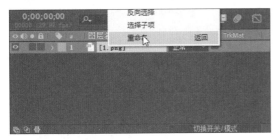 

图 3-87   图 3-88

经验二：调整入点和出点

图层的入点、出点和时间位置的设置是紧密联系的，调整出入点的位置就会改变图层所在时间的位置。用户可以通过鼠标拖动或按Alt+ [组合键和Alt+] 组合键定义图层的出入点。将鼠标移动到图层出点或入点处，此时鼠标指针会变成双向箭头，按住并拖动鼠标即可对其进行调整，图3-89和图3-90为图层出点调整前后的结果。

图 3-89

图 3-90

⚠ **提示**：直接拖动图层的出入点可以对图层进行剪辑，经过剪辑的图层长度会发生变化。也可以将时间指示标拖动到需要定义层出入点的时间位置上。

图片或纯色图层可以任意剪辑或扩展，视频图层和音频图层可以剪辑，但不能直接扩展。

上手实操

为了能够更好地掌握本章所学的知识内容，下面安排了两个实操习题，让用户动起手来练一练，以达到温故知新的目的。

实操一：制作人物剪影效果

利用图层混合模式和不透明属性制作。如图3-91和图3-92所示为图层设置和设置后的颜色。

步骤 01 导入素材，根据背景素材创建合成。

步骤 02 设置人物剪影的图层混合模式和不透明度属性。

图 3-91

图 3-92

实操二：制作生日动画

利用图层的"位置"和"缩放"属性制作一个生日动画效果，如图3-93所示。

图 3-93

步骤 01 创建纯色背景和形状图层。在形状图层上使用"钢笔工具"绘制草地形状，设置填充颜色。

步骤 02 导入生日动画的各种素材。

步骤 03 利用"缩放"属性制作蛋糕动画，再利用"位置"属性制作其他素材的动画效果。

第 **4** 章
蒙版的应用

──────────── 内容概要 ────────────

　　蒙版原本是摄影术语，在 **After Effects** 中则是一种路径，依附于图层，与"效果""变换"一样作为图层的属性存在。蒙版不是单独的图层，主要用于画面的修饰与合成。其最大的特点是可以反复修改，却不会影响到本身图层的结构，删除蒙版后，又会重新显示原图像。

　　本章主要介绍蒙版的概念、蒙版工具、蒙版的创建与编辑等知识，通过本章的学习，可以快速掌握蒙版的使用技巧，制作出独特的图像效果。

──────────── 知识要点 ────────────

- 掌握蒙版工具的应用。
- 掌握蒙版的设置与编辑。
- 熟悉"画笔工具"的应用。
- 熟悉"橡皮擦工具"的应用。

──────────── 数字资源 ────────────

【本章案例素材来源】："素材文件\第4章"目录下

【本章案例最终文件】："素材文件\第4章\案例精讲\制作照片切换效果.aep"

案例精讲 制作照片切换效果

下面利用本章所学的蒙版工具以及蒙版的设置等知识，制作照片的切换动画效果。操作步骤介绍如下：

扫码观看视频

步骤 01 新建项目，执行"合成"→"新建合成"命令，打开"合成设置"对话框，选择预设类型为"HDV/HDTV 720 29.97"，持续时间为0:00:05:00，并设置背景颜色为白色，如图4-1所示。

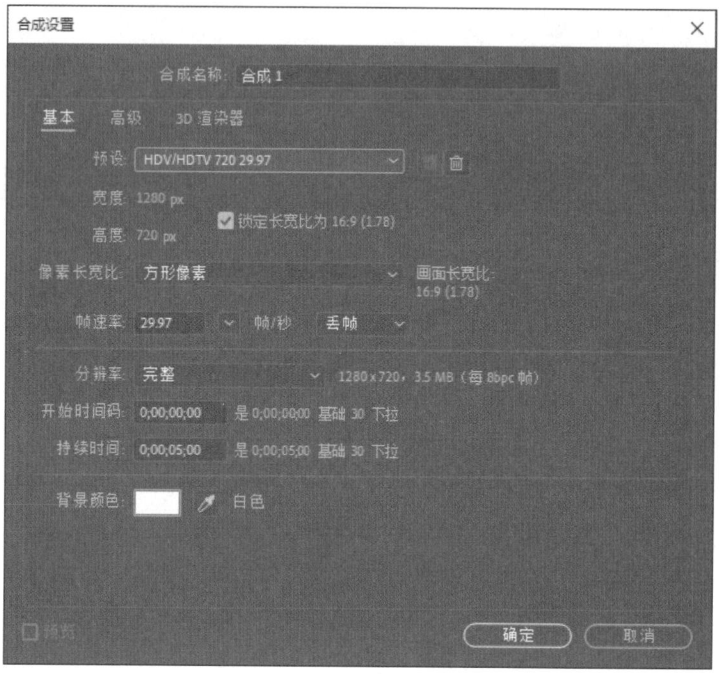

图 4-1

步骤 02 单击"确定"按钮，创建新的合成。

步骤 03 执行"文件"→"导入"→"文件"命令，导入照片素材到"项目"面板，再将素材1拖动至"时间轴"面板，素材会在"合成"面板中显示出来，如图4-2所示。

图 4-2

步骤 **04** 在"时间轴"面板展开属性列表，将时间线移动至0:00:01:00，然后为"位置"属性添加关键帧；移动时间线至0:00:00:10时，继续添加关键帧；再移动时间线至0:00:00:00，添加关键帧，并设置"位置"为（-640.0,36.0），如图4-3所示。

图 4-3

步骤 **05** 按空格键预览动画效果，可以看到素材图片进入并停顿的效果。

步骤 **06** 将时间线移动至0:00:01:10，再执行"编辑"→"拆分图层"命令，将其拆分为两个独立的图层，如图4-4所示。

图 4-4

步骤 **07** 选择顶部的图层，按Ctrl+C组合键和Ctrl+V组合键复制图层，并为素材1的3个图层重新命名，如图4-5所示。

图 4-5

步骤08 将素材2拖入"时间轴"面板，置于图层列表顶部，并在"合成"面板中调整到右侧且居中对齐，如图4-6和图4-7所示。

图 4-6

图 4-7

步骤09 选择图层1~3，在工具栏选择"矩形工具"，沿左侧轮廓绘制一个矩形蒙版，如图4-8所示。

图 4-8

步骤 10 接着选择图层1~2，继续沿右侧轮廓绘制矩形蒙版，如图4-9所示。

图 4-9

步骤 11 隐藏图层2，选择图层1~2，展开"变换"属性列表，单击"时间变化秒表"图标移除"位置"属性的关键帧。将时间线移动至0:00:01:10，为"位置"属性添加新的关键帧；再将时间线移动至0:00:02:10，添加关键帧，设置"位置"参数为（640.0,1080.0）；再将时间线移动至0:00:02:20，保持参数不变，再添加一个关键帧，如图4-10所示。

图 4-10

步骤 12 按空格键可以预览图片向下移出的效果。

步骤 13 选择图层1~3，展开属性列表，同样移除"位置"属性的关键帧。将时间线移动至0:00:01:10，为"位置"属性添加新的关键帧；将时间线移动至0:00:02:10，添加关键帧，并设置"位置"参数为（640.0,-360.0）；再将时间线移动至0:00:02:20，保持参数不变，添加一个关键帧，如图4-11所示。

图 4-11

步骤14 按空格键可以预览到图片向上移出的效果。

步骤15 取消隐藏图层2，展开属性列表，将时间线移动至0:00:02:10，为"位置"属性添加关键帧；移动时间线至0:00:01:10时添加关键帧，并设置"位置"参数为（853.0,-360.0）；再将时间线移动至0:00:02:20，保持参数不变，再添加一个关键帧，如图4-12所示。

图 4-12

步骤16 按空格键可以预览素材2从上到下的衔接进入效果，如图4-13所示。

图 4-13

步骤17 将素材3~5拖入"时间轴"面板，置于"图层"面板顶部。调整素材缩放比例为33.5%，再分别调整素材左侧顶对齐、左侧居中对齐、左侧底部对齐，如图4-14所示。

图 4-14

步骤18 选择素材3，将时间线移动至0:00:02:20，为"位置"属性添加关键帧；接着在0:00:02:10位置添加关键帧；将时间线移动至0:00:01:10，添加新的关键帧，再设置"位置"参数为（214.4,841.0），如图4-15所示。

图 4-15

步骤19 选择素材4，在0:00:02:20和0:00:02:10时为"位置"属性添加关键帧；再将时间线移动至0:00:01:10，添加新的关键帧，设置"位置"参数为（214.4,1082.0），如图4-16所示。

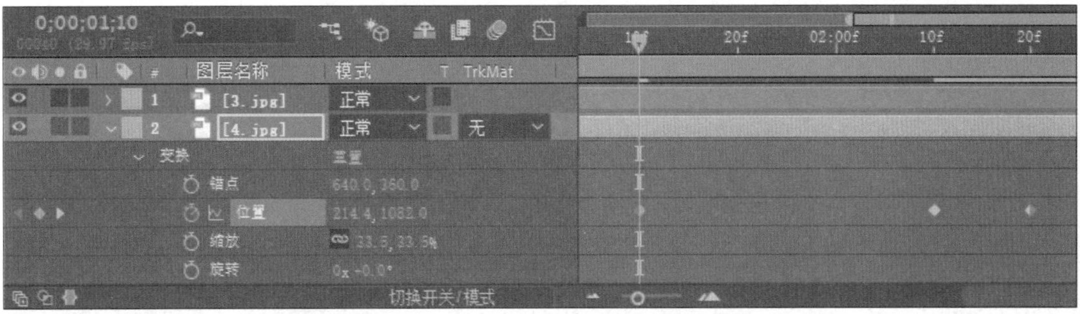

图 4-16

步骤20 选择素材5，在0:00:02:20和0:00:02:10时为"位置"属性添加关键帧；再将时间线移动至0:00:01:10，添加新的关键帧，设置"位置"参数为（214.4,1323.2），如图4-17所示。

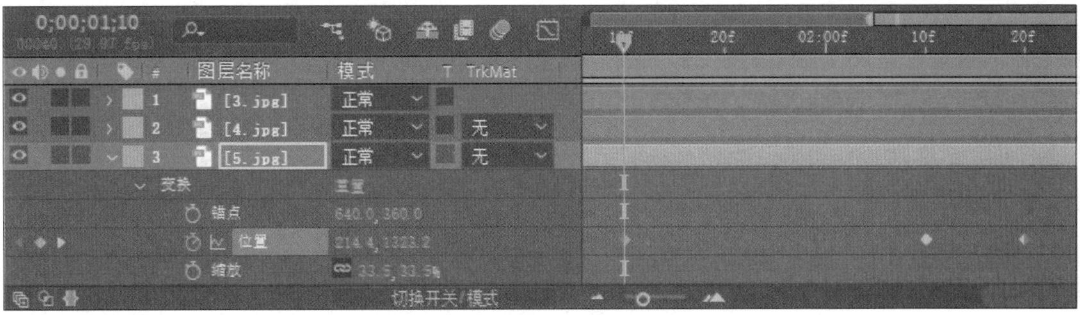

图 4-17

步骤 21 按空格键预览图片切换效果，如图4-18所示。

图 4-18

步骤 22 将素材5移动至图层列表顶部，在0:00:02:20位置为"缩放"属性添加关键帧；再将时间线移动至0:00:03:20，添加关键帧，再设置"缩放"参数为100%，如图4-19所示。

图 4-19

步骤 23 选择图层5的"位置"属性，在0:00:03:20位置添加关键帧，并设置属性参数为（640.0,360.0），如图4-20所示。

图 4-20

步骤 24 按空格键预览最终的动画效果，如图4-21所示。

图 4-21

步骤 25 至此完成本案例的制作，保存项目文件。

边用边学

4.1 蒙版工具

　　利用蒙版工具创建蒙版是最常用的蒙版创建方法。After Effects CC中的蒙版是一种路径，可以是开放的路径也可以是闭合的路径。蒙版可以绘制在图层中，一个图层可以包含多个蒙版。虽然是一个层，但也可以将其理解为两个层，一个是轮廓层，即蒙版层；另一个是被蒙版层，即蒙版下面的图像层。

　　使用形状工具可以创建常见的几何形状，比如矩形、圆形、多边形、星形等；使用钢笔工具则可以绘制不规则形状或者开放路径。

■4.1.1 形状工具组

　　使用形状工具可以绘制出多种规则的几何形状蒙版，形状工具按钮位于工具栏中，包括"矩形工具""圆角矩形工具""椭圆工具""多边形工具""星形工具"5种工具。单击并按住工具图标，可展开其他工具选项，如图4-22所示。

图 4-22

1. 矩形工具

　　"矩形工具"可以绘制出正方形、长方形等矩形形状蒙版。选择素材，在工具栏单击选择"矩形工具"，在素材的合适位置单击并拖动鼠标至合适位置，释放鼠标即可得到矩形蒙版，如图4-23和图4-24所示。

图 4-23

图 4-24

继续使用"矩形工具",可以绘制出多个形状蒙版。如果按住Shift键的同时再拖动鼠标,即可绘制出正方形的蒙版形状,如图4-25所示。

2. 圆角矩形工具

"圆角矩形工具"可以绘制出圆角矩形形状的蒙版,其绘制方法与"矩形工具"相同,效果如图4-26所示。

图 4-25 图 4-26

3. 椭圆工具

"椭圆工具"可以绘制出椭圆及正圆形状的蒙版,其绘制方法与"矩形工具"相同。选择素材,在工具栏单击"椭圆工具",在素材的合适位置单击并拖动鼠标至合适位置,释放鼠标即可得到椭圆蒙版,如图4-27所示。按住Shift键的同时再拖动鼠标即可绘制出正圆蒙版,如图4-28所示。

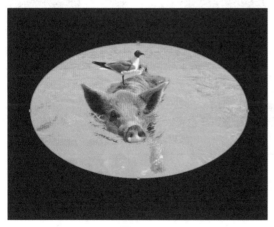 

图 4-27 图 4-28

4. 多边形工具

"多边形工具"可以绘制多个边角的集合形状蒙版。选择素材,在工具栏单击"多边形工具",在素材的合适位置单击以确认多边形的中心点,再拖动鼠标至合适位置,释放鼠标即可得到任意角度的多边形蒙版,效果如图4-29所示。按住Shift键的同时拖动鼠标则可以绘制出正多边形的形状蒙版,如图4-30所示。

图 4-29

图 4-30

5. 星形工具

"星形工具"可以绘制出星星形状的蒙版，其绘制方法与"多边形工具"相同，效果如图4-31和图4-32所示。

图 4-31

图 4-32

> ❗ 提示：绘制出形状蒙版后，按住Ctrl键即可移动蒙版位置。用户也可以使用"选择工具"或者使用键盘上的"↑""↓""←""→"键来调整蒙版位置。

■ 4.1.2 钢笔工具组

利用钢笔工具可以绘制任意形状的蒙版。钢笔工具组中包括"钢笔工具""添加顶点工具""删除顶点工具""转换顶点工具"以及"蒙版羽化工具"，如图4-33所示。

图 4-33

1. 钢笔工具

"钢笔工具"可用于绘制任意蒙版形状。选中素材，选择"钢笔工具"，在"合成"面板依次单击创建锚点，当首尾相连时即完成蒙版的绘制，得到蒙版形状，如图4-34和图4-35所示。

图 4-34   图 4-35

2. 添加顶点工具

"添加顶点工具"可以为蒙版路径添加锚点，以便更加精细地调整蒙版形状。选择"添加顶点工具"，在路径上单击即可添加锚点，将鼠标指针置于锚点上，按住即可拖动锚点位置，图4-36为添加锚点后的蒙版效果。

3. 删除顶点工具

"删除顶点工具"的使用与"添加顶点工具"类似，不同的是该工具的功能是删除锚点。在某一锚点删除后，与该锚点相邻的两个锚点之间会形成一条直线路径。

4. 转换顶点工具

"转换顶点工具"可以使蒙版路径的控制点变平滑或变成硬转角。选择"转换顶点工具"，在锚点上单击即可使锚点在平滑或应转角之间转换，如图4-37所示。使用"转换顶点工具"在路径线上单击可以添加顶点。

图 4-36   图 4-37

5. 羽化蒙版工具

"羽化蒙版工具"可以调整蒙版边缘的柔和程度。选择"羽化蒙版工具"，单击并拖动锚点，即可柔化当前蒙版，效果如图4-38和图4-39所示。

图 4-38   图 4-39

4.2 设置蒙版

创建蒙版之后，用户可通过设置蒙版的混合样式或者其基本属性来调整蒙版效果。

■ 4.2.1 蒙版模式

在创建完成蒙版后，"时间轴"面板会出现一个"蒙版"属性。在"蒙版"右侧的下拉列表中显示了蒙版模式选项，如图4-40所示。

图 4-40

各模式含义如下。

- **无**：选择此模式，路径不起蒙版作用，只作为路径存在，可进行描边、光线动画或路径动画等操作。
- **相加**：如果绘制的蒙版中有两个或两个以上的图形，选择此模式可看到两个蒙版以添加的形式显示效果。
- **相减**：选择此模式，蒙版会变成镂空显示的效果。
- **交集**：两个蒙版都选择此模式，则两个蒙版产生交叉显示的效果。
- **变亮**：此模式对于可视范围区域，与"相加"模式相同。但对于重叠处的不透明度，则采用不透明度较高的值。
- **变暗**：此模式对于可视范围区域，与"相减"模式相同。但对于重叠处的不透明度，则采用不透明度较低的值。
- **差值**：两个蒙版都选择此模式，则两个蒙版产生交叉镂空的效果。

■4.2.2 编辑蒙版

创建蒙版后，用户可以对路径的控制点或者路径的基本属性进行编辑。在"时间轴"面板的"蒙版"选项中包含蒙版路径、蒙版羽化、蒙版不透明度、蒙版扩展4个属性选项，如图4-41所示。

1. 蒙版路径

用户可以通过移动、增加或减少蒙版路径上的控制点对蒙版的形状进行改变。当蒙版创建完成后，可以通过相应的路径工具对其进行调整。当需要对尺寸进行精确调整时，可以通过"蒙版形状"来设置。单击"蒙版路径"右侧的"形状..."文字链接，即可在弹出的"蒙版形状"对话框中修改大小，如图4-42所示。

图 4-41　　　　　　　　　　　　　图 4-42

> **提示**：在移动控制点时，按住Shift键的同时进行操作可以将控制点沿水平或垂直方向移动。

2. 蒙版羽化

蒙版的羽化功能用于将蒙版的边缘进行虚化处理。默认情况下，蒙版的边缘不带有任何羽化效果，需要进行羽化处理时，可以拖动设置该选项右侧的数值，按比例进行羽化处理。图4-43和图4-44为不同蒙版羽化值的效果。

图 4-43

图 4-44

3. 蒙版不透明度

默认情况下，为图层创建蒙版后，蒙版中的图像100%显示，而蒙版外的图像0%显示。如果想调整其透明效果，可以通过"蒙版不透明度"属性调整。蒙版的不透明度只影响图层上蒙版内的区域图像，不会影响蒙版外的图像。图4-45和图4-46为不同透明度的蒙版效果。

图 4-45   图 4-46

4. 蒙版扩展

通过"蒙版扩展"属性可以扩大或收缩蒙版的范围。当属性值为正值时，将在原始蒙版的基础上进行扩展；当属性值为负值时，将在原始蒙版的基础上进行收缩。图4-47和图4-48为原始蒙版效果和扩展后的效果。

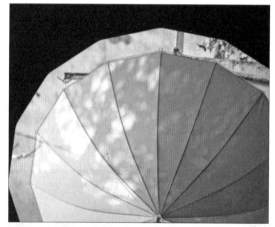

图 4-47   图 4-48

5. 反转蒙版

在缺省情况下，蒙版范围内显示当前层的图像，蒙版范围外为透明。用户可以通过反转蒙版的方式来改变蒙版的显示区域。

经验之谈

经验一："画笔工具"的应用

在After Effects CC 中，"画笔工具"除了可以用来处理视频，还可以制作绘图动画。双击图层进入"图层"面板，从工具栏选择"画笔工具"，在画面上单击并按住鼠标左键进行拖动，即可绘制任意颜色、样式及宽度的路径效果，如图4-49和图4-50所示。

图 4-49

图 4-50

在"画笔"面板中可以设置画笔的样式及大小，如图4-51所示。在"绘画"面板中可以设置画笔的颜色、不透明度、流量、模式等参数，如图4-52所示。

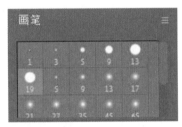

图 4-51

图 4-52

⚠️ 提示：如果在应用"画笔工具"之前进行设置，可以使用"绘画"面板和"画笔"面板；如果在应用绘画描边之后再更改其属性，可以在"时间轴"面板中设置相关属性参数。

经验二："橡皮擦工具"的应用

After Effects CC的"橡皮擦工具"可以擦除当前图层中的图形，创建出可以修改和动画显示的橡皮擦描边，如图4-53和图4-54所示。

如果在"仅最后描边"模式中使用"橡皮擦工具"，只影响绘制的最后一个描边，而不会创建橡皮擦描边。

图 4-53

图 4-54

你学会了吗？

上手实操

为了能够更好地掌握本章所学的知识内容，下面安排了两个实操习题，让用户动起手来练一练，以达到温故知新的目的。

实操一：制作望远镜镜头效果

本案例将利用"蒙版工具"制作镜头，再利用蒙版的"路径"属性、"羽化"属性以及图层的"位置"和"缩放"属性制作镜头聚焦、放大等操作动画，如图4-55和图4-56所示。

图 4-55　　　　　　　　　　　　　　　　　图 4-56

步骤 01 导入素材图像，基于图像创建合成。

步骤 02 在素材图层上创建一个圆形蒙版，调整其位置及大小。

步骤 03 为蒙版的"路径"和"羽化"属性制作关键帧动画。

步骤 04 为图层的"位置"和"缩放"属性制作关键帧动画。

实操二：制作相框效果

下面利用"蒙版工具"以及图层相关的知识制作照片相框效果，如图4-57所示。

步骤 01 新建项目，导入相框以及照片素材，将照片素材置于图层列表底部。

步骤 02 利用"钢笔工具"在相框素材图层上创建蒙版，在属性列表中选择"反选"复选框。

步骤 03 调整照片素材大小及角度。

图 4-57

第5章
文本效果

内容概要

　　文本是影视后期制作中重要的元素之一，其应用广泛，不仅能够传达影视作品的信息，同时也带给观众良好的视觉体验。如何使平淡的文字以不平淡的方式出场，这是后期处理中经常遇到的问题。鉴于文字在后期视频特效制作中的重要位置，本章将对文本内容的创建、编辑等操作进行详细介绍。

知识要点

- ●掌握文字的创建与编辑。
- ●掌握文字属性的设置。
- ●熟悉文本动画控制器的应用。
- ●了解表达式。

数字资源

【本章案例素材来源】："素材文件\第5章"目录下

【本章案例最终文件】："素材文件\第5章\案例精讲\制作动态网页头部效果.aep"

案例精讲 制作动态网页头部效果

网页设计中必不可少的就是文字，在整个项目设计中起到提示的作用。下面将利用本章所学的文字知识制作网页头部的动态效果。具体操作步骤介绍如下。

步骤 01 新建项目，执行"合成"→"新建合成"命令，打开"合成设置"对话框，输入新的合成名称，选择预设合成类型为"HDV/HDTV 720 29.97"，持续时间为0:00:05:00，再设置背景颜色为白色，如图5-1所示。

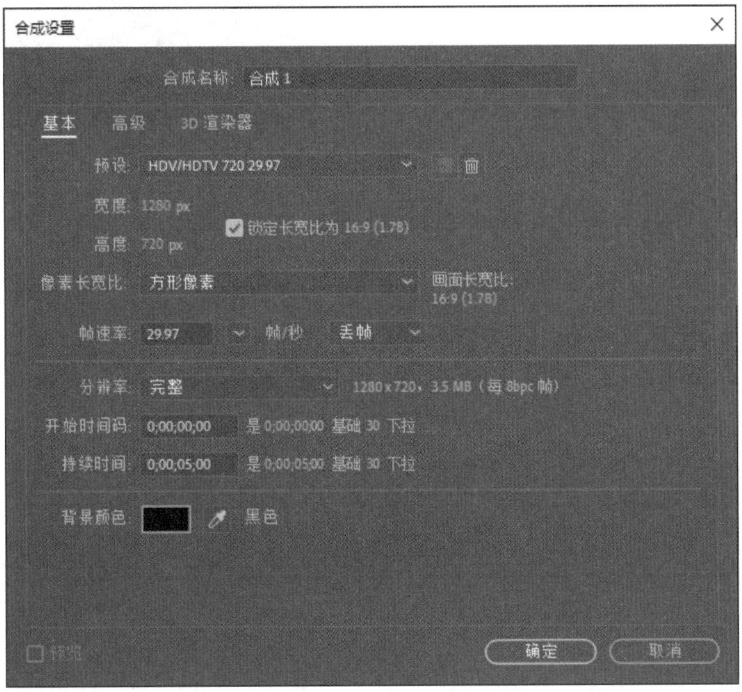

图 5-1

步骤 02 单击"确定"按钮关闭对话框，即可创建新的合成，如图5-2所示。

图 5-2

步骤 03 选择"横排文字工具",在"字符"面板中设置字体、大小、颜色等参数,如图5-3所示。

图 5-3

步骤 04 在"合成"面板单击并输入文字内容,调整文字居中显示,如图5-4所示。

图 5-4

步骤 05 展开属性列表,单击动画"展开"按钮,在列表中选择"启用逐字3D化"选项,再为文字添加"位置"属性,在"时间轴"面板中可以看到新增加的属性内容,如图5-5所示。

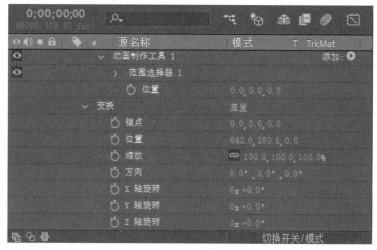

图 5-5

步骤06 展开"范围选择器1"属性，将时间线移动至0:00:00:00，为"偏移"属性添加关键帧；再将时间线移动至0:00:00:20，继续添加关键帧，设置"偏移"参数为100%；然后选择"位置"属性，设置其参数为（1230.0,0.0,0.0），如图5-6、图5-7和图5-8所示。

图 5-6

图 5-7

图 5-8

步骤07 按空格键预览动画，可以看到文字逐字进入的效果，如图5-9所示。

图 5-9

步骤 08 展开"变换"属性列表，将时间线移动至0:00:00:20，为"不透明度"属性添加关键帧；再将时间线移动至0:00:01:10，添加关键帧并设置"不透明度"为5%，如图5-10和图5-11所示。

图 5-10

图 5-11

步骤 09 导入人物素材并将其拖动至"时间轴"面板，在"合成"面板中调整素材大小及位置，如图5-12所示。

图 5-12

步骤 **10** 选择素材图层，再从工具栏选择"椭圆工具"，按住Shift键绘制正圆蒙版，并调整位置，如图5-13所示。

图 5-13

步骤 **11** 选择素材图层，展开"变换"属性列表，将时间线移动至0:00:01:00，为"位置"属性添加关键帧，设置参数为（1540.0,477.0）；再将时间线移动至0:00:01:20，设置参数为（350.0,477.0），如图5-14和图5-15所示。

图 5-14

图 5-15

步骤 **12** 按空格键预览动画，可以看到图片进入的效果。

步骤 **13** 在"时间轴"面板单击鼠标右键，在弹出的快捷菜单中选择"新建"→"文本"命令，创建文本图层，并输入文字内容，创建出4个文本图层，如图5-16所示。

图 5-16

步骤 14 在"字符"面板中分别调整4个文本图层的字体、大小、字符间距等参数，其中图层3和图层4的参数一致，如图5-17、图5-18和图5-19所示。

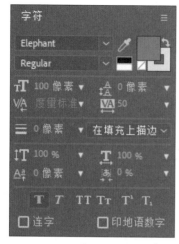

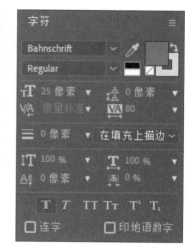

图 5-17   图 5-18   图 5-19

步骤 15 在"合成"面板中调整文本的位置，如图5-20所示。

图 5-20

步骤 16 选择图层4，展开"变换"属性列表，将时间线移动至0:00:01:20，为"位置"属性添加关键帧，设置参数为（1510.0,290.0）；再将时间线移动至0:00:02:00，继续添加关键帧，设置参数为（980.0,290.0），如图5-21和图5-22所示。

图 5-21

图 5-22

步骤 17 选择图层3，展开"变换"属性列表，将时间线移动至0:00:02:00，为"位置"属性添加关键帧，设置参数为（1480.0,400.0）；再将时间线移动至0:00:02:10，继续添加关键帧，设置参数为（1006.0,400.0），如图5-23和图5-24所示。

图 5-23

图 5-24

步骤 18 选择图层2，展开"变换"属性列表，将时间线移动至0:00:02:10，为"位置"属性添加关键帧，设置参数为（1400.0,530.0）；再将时间线移动至0:00:02:20，继续添加关键帧，设置参数为（1090.0,530.0），如图5-25和图5-26所示。

图 5-25

图 5-26

步骤19 选择图层1，展开属性列表，单击"动画"展开按钮，添加"字符间距"属性，再单击"添加"展开按钮，选择"属性"→"位置"选项，添加"位置"属性，如图5-27所示。

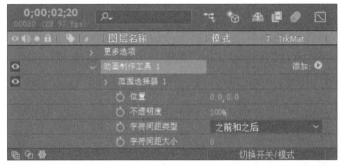

图 5-27

步骤20 在"动画制作工具"列表中设置"位置"参数为（0.0，200.0），设置"不透明度"为0%，设置"字符间距大小"为-50，如图5-28所示。

图 5-28

步骤21 展开"范围选择器"列表，将时间线移动至0:00:02:20，为"起始"属性添加关键帧，并设置参数为0%；再将时间线移动至0:00:04:20，添加关键帧并设置"起始"参数为100%，如图5-29和图5-30所示。

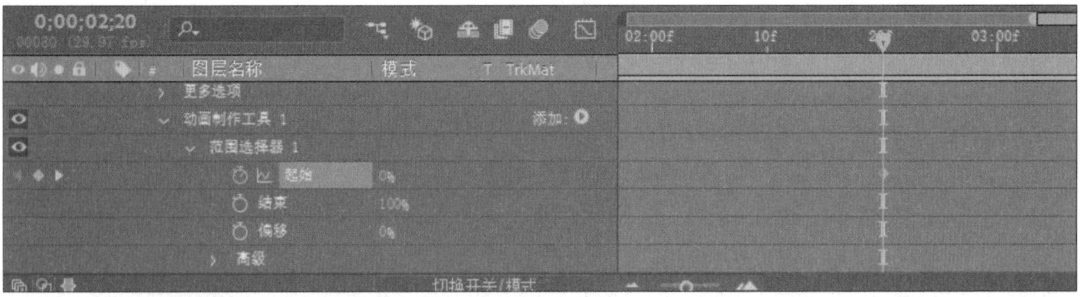

![图5-29 时间线面板截图]

图 5-29

图 5-30

步骤 22 按空格键预览动画效果，如图5-31所示。

图 5-31

步骤 23 保存项目，完成本案例的操作。

边用边学

5.1 认识文本图层

文本图层就是文字,同时带有一些自定义属性,如段落、大小、字体、颜色、描边、字距等。文本图层是合成层,也就是说,文本图层不需要源素材。同时文本图层也是矢量层,当缩放图层或者重新定义文本大小时,会保持平滑边缘。

After Effects CC提供了较完善的文字功能,可以对文字进行较为专业的处理。除了可以通过文字工具和文本图层创建文字外,还能够对文字属性进行修改,文字的创建与编辑主要是通过点文字和段落文字来实现的。

> ❗ **提示**:用户可以从Photoshop、Illustrator、Indesign或任何文本编辑器中复制文字,然后粘贴到After Effects中。由于After Effects支持统一编码的字符,因此可以与其他支持统一编码字符的软件进行导入与导出操作。

■ 5.1.1 创建文本图层

文本创建方法有多种,并且每种创建方法创建的文本也不尽相同。常见的3种方式包括利用文本图层、文本工具或文本框进行创建。

1. 从"时间轴"面板创建

在"时间轴"面板的空白处单击鼠标右键,在弹出的菜单中选择"新建"→"文本"命令,如图5-32所示。操作完成后"时间轴"面板会自动创建一个空文本图层,如图5-33所示。"合成"面板也会自动出现光标,直接输入文字内容即可。

图 5-32

图 5-33

2. 利用文本工具创建

After Effects CC的工具栏中提供了"横排文字工具"和"直排文字工具"两种工具，根据需要选择其中一种，在"合成"面板单击，确定指定输入点，输入文字内容即可，如图5-34和图5-35所示。

图 5-34

图 5-35

3. 利用文本框创建

在工具栏单击"横排文字工具"或"直排文字工具"，然后在合成面板单击并按住鼠标左键，拖动鼠标绘制一个矩形文本框，如图5-36所示。输入文字后按回车键即可创建文字，如图5-37所示。

图 5-36

图 5-37

■5.1.2 设置文本参数

在创建文本之后，可以根据视频的整体构思和设计风格对文字进行适当的调整，包括字体大小、填充颜色及对齐方式等。

1. 设置字符格式

在选择文字后，可以在"字符"面板中对文字的字体系列、字体大小、填充颜色和是否描边等进行设置。执行"窗口"→"字符"命令或按Ctrl+6组合键，即可调出或关闭"字符"面板，用户可以对字体、字高、颜色、字符间距等属性值做出更改，如图5-38所示。

图 5-38

该面板中各选项含义如下。

- **字体系列**：在下拉列表中可以选择所需的字体类型。
- **字体样式**：在设置字体后，有些字体还可以对其样式进行选择。
- **吸管** ：可在整个After Effects CC工作面板中吸取颜色。
- **设置为黑色/白色** ：设置字体为黑色或白色。
- **填充颜色**：单击"填充颜色"色块，会打开"文本颜色"对话框，可以在该对话框中设置合适的文字颜色，如图5-39所示。

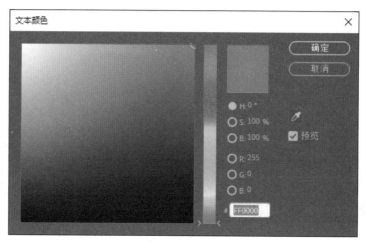

图 5-39

- **描边颜色**：单击"描边颜色"色块，打开"文本颜色"对话框，可以设置合适的文字描边颜色，效果如图5-40所示。
- **字体大小** ：可以在下拉列表中选择预设的字体大小，也可以在数值处按住鼠标左右拖动改变数值大小，在数值处单击可以直接输入数值。
- **行距** ：用于段落文字，设置行距数值可以调节行与行之间的距离。
- **两个字符间的字偶间距** ：设置光标左右字符之间的间距。
- **所选字符的字符间距** ：设置所选字符之间的间距，效果如图5-41所示。

图 5-40

图 5-41

2. 设置段落格式

在选择文字后，可以在"段落"面板中对文字的段落方式进行设置。执行"窗口"→"段落"命令，即可调出或关闭"段落"面板，用户可以对文字的对齐方式、段落格式和文本对齐方式等参数进行设置，如图5-42所示。

"段落"面板中包含7种对齐方式，分别是左对齐文本、居中对齐文本、右对齐文本、最后一行左对齐、最后一行居中对齐、最后一行右对齐、两端对齐。另外还包括缩进左边距、缩进右边距和首行缩进3种段落缩进方式，以及段前添加空格和段后添加空格两种设置边距方式。

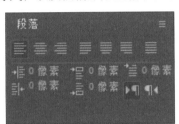

图 5-42

5.2 文本图层属性的设置

After Effects中的文字是一个单独的图层，包括"变换"和"文本"属性。通过设置这些基本属性，不仅可以增加文本的实用性和美观性，还可以为文本创建最基础的动画效果。

■5.2.1 图层基本属性

在"时间轴"面板中，展开文本图层中的"文本"选项组，可通过其"来源文字""路径选项"等子属性来更改文本的基本属性，如图5-43所示。

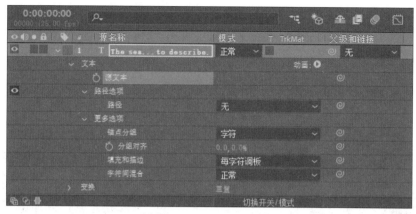

图 5-43

　　"源文字"属性主要用于设置文字在不同时间段的显示效果。单击"时间秒表变化"图标即可创建第1个关键帧，在下一个时间点创建第2个关键帧，然后更改合成面板中的文字，即可实现文字内容切换效果。

　　"更多选项"属性组中的子选项与"文字"面板中的选项具有相同的功能，并且有些选项还可以控制"文字"面板中的选项设置。

　　❗ **提示：** 要禁用文本图层的"路径选项"属性组，可以单击"路径选项"属性组的可见性图标切换。

■5.2.2　路径属性

　　文本图层中的"路径选项"属性组，是沿路径对文本进行动画制作的一种简单方式。选择路径之后，不仅可以指定文本的路径，还可以改变各个字符在路径上的显示方式。

　　创建文字和路径后，在时间轴面板中以"蒙版"命名，在"路径"属性右侧的下拉列表选择蒙版，则文字会自动沿路径分布，如图5-44所示。

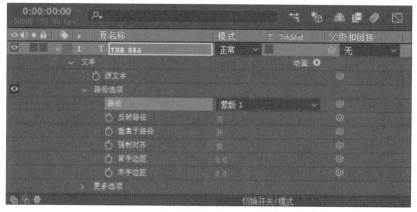

图 5-44

　　属性组中各选项含义如下。

- **路径：** 单击其后下拉按钮，选择文本跟随的路径。
- **反转路径：** 设置是否反转路径。如图5-45和图5-46所示为该属性打开和关闭时的效果。

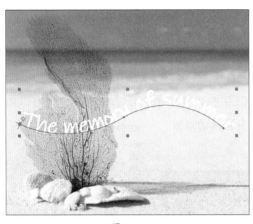

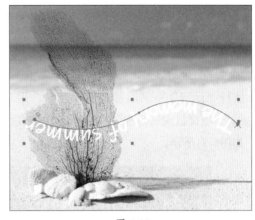

图 5-45　　　　　　　　　　　　　　　　　　图 5-46

- **垂直于路径**：设置文字是否垂直路径。如图5-47和图5-48所示为该属性打开和关闭的效果。

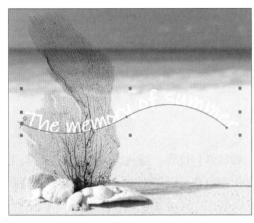

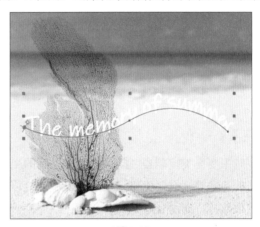

图 5-47　　　　　　　　　　　　　　　　　　图 5-48

- **强制对齐**：设置文字与路径首尾是否对齐。如图5-49和图5-50所示为该属性打开和关闭的效果。

图 5-49　　　　　　　　　　　　　　　　　　图 5-50

- **首字边距**：设置首字的边距大小。
- **末字边距**：设置末字的边距大小。

5.3 动画控制器

新建文字动画时，将会在文本层建立一个动画控制器，用户可以通过控制各选项参数，制作各种各样的运动效果，如制作滚动字幕效果、旋转文字效果、放大缩小文字效果等。

执行"动画"→"添加动画"命令，用户可以在级联菜单中选择动画效果。也可以单击"动画"选项按钮或"添加"按钮，在打开的列表中选择动画效果，如图5-51所示。

图 5-51

■5.3.1 变换类控制器

应用变换类控制器可以控制文本动画的变形，如倾斜、位移、缩放、不透明度等，与文字图层的基本属性有些类似，但是可操作性更广。该类控制器可以控制文本动画的变形，例如倾斜、位移等，如图5-52所示。

图 5-52

各选项含义如下。

● **锚点**：制作文字中心定位点变换的动画。

● **位置**：调整文本的位置。

● **缩放**：对文字进行放大或缩小等设置。

- **倾斜**：设置文本倾斜程度。
- **旋转**：设置文本旋转角度。
- **不透明度**：设置文本透明度。
- **全部变换属性**：将所有属性都添加到范围选择器中。

■5.3.2　颜色类控制器

颜色类控制器主要用于控制文本动画的颜色，如颜色、色相、饱和度、亮度等，可以调出丰富的文本颜色效果，如图5-53所示。

图 5-53

各选项含义如下。
- **填充颜色**：设置文字的填充颜色。
- **描边颜色**：设置文字的描边颜色。
- **描边宽度**：设置文字描边粗细。

■5.3.3　文本类控制器

文本类控制器主要用于控制文本字符的行间距和空间位置，可以从整体上控制文本的动画效果，包括字符间距、行锚点、行距、字符位移、字符值等，如图5-54所示。

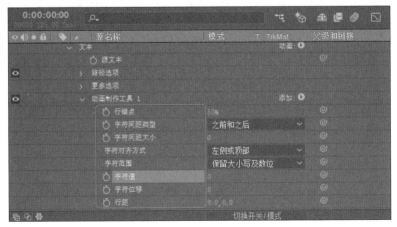

图 5-54

各选项含义如下。

- **字符间距**：设置文字之间的距离。图5-55和图5-56为该属性不同参数的效果。

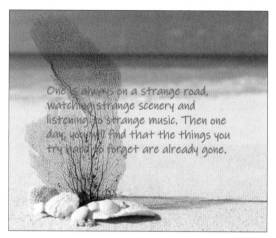

图 5-55　　　　　　　　　　　　　　　　图 5-56

- **行锚点**：设置文本的对齐方式。
- **行距**：设置段落文字行与行之间的距离。图5-57和图5-58为该属性不同参数的效果。
- **字符位移**：按照统一的字符编码标准对文字进行位移。
- **字符值**：按照统一的字符编码标准，统一替换设置字符值所代表的字符。

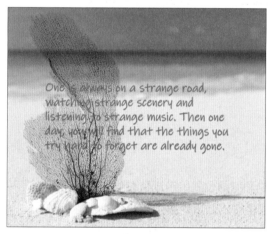

图 5-57　　　　　　　　　　　　　　　　图 5-58

■5.3.4　范围控制器

当添加一个特效类控制器时，均会在"动画"属性组添加一个"范围"选项，在该选项的特效基础上，可以制作出各种各样的运动效果，是非常重要的文本动画制作工具。

在为文本图层添加动画效果后，单击其属性右侧的"添加"按钮，依次选择"选择器"→"范围"选项，即可显示"范围选择器1"属性组，如图5-59所示。

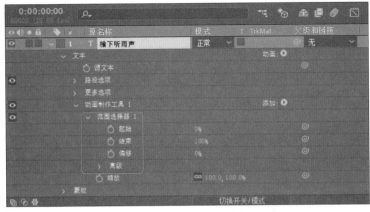

图 5-59

各属性含义如下。

- **起始/结束**：用于设置选择项的开始和结束位置。图5-60和图5-61为设置了"起始"和"结束"的显示效果。
- **偏移**：设置指定的选择项偏移的量。

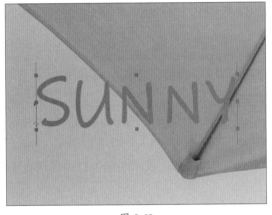

图 5-60

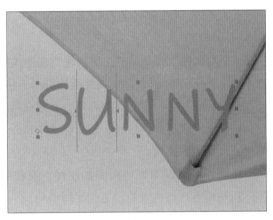

图 5-61

■5.3.5 摆动控制器

摆动控制器可以控制文本的抖动，配合关键帧动画制作出更加复杂的动画效果。单击"添加"按钮，执行"选择器"→"摆动"命令，即可显示"摆动选择器1"属性组，如图5-62所示。

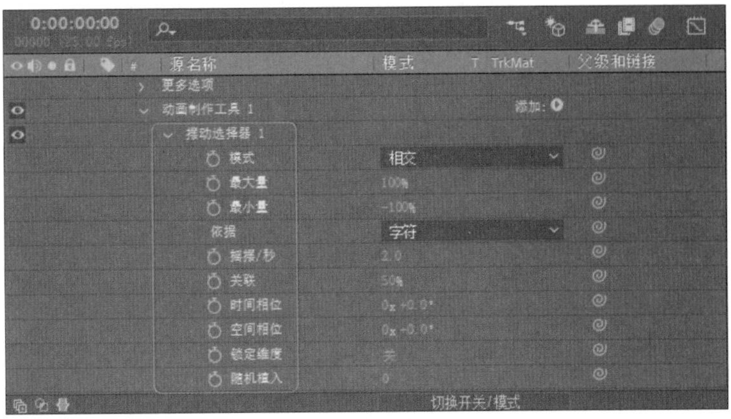

图 5-62

5.4 认识表达式

表达式是由传统的JavaScript语言编写而成的，能够通过程序语言来实现界面中一些不能执行的命令，或是通过语法将大量重复的操作简单化。遵循表达式的基本规律，可以创作出更加复杂绚丽的动画效果。

■5.4.1 创建表达式

最简单也是最直接的表达式创建方法，即直接在图层的属性选项中创建。

执行"效果"→"表达式控制"命令，从级联菜单可以直接创建表达式。也可以使用链接创建表达式，直接选择需要控制的属性，单击并拖动"表达式拾取"按钮，使其链接需要设定的属性即可。

■5.4.2 表达式语法

表达式有类似于其他程序设计的语法，只有遵循这些语法，才可以创建正确的表达式。用户并不需要熟练掌握JavaScript语言，只需理解简单的写法，就可以创建表达式。

一般的表达式形式为：thisComp.layer("Story medal").transform.scale=transform.scale+time*10

- **全局属性"thisComp"**：用来说明表达式所应用的最高层级，可理解为合成。
- **层级标识符号"."**：为属性连接符号，该符号前面为上位层级，后面为下位层级。
- **layer("")**：定义层的名称，必须在括号内加引号。

解读上述表达式的含义：这个合成的Story medal层中的变换选项下的缩放数值，随着时间的增长呈10倍的缩放。

此外，还可以为表达式添加注释。在注释句前加"//"符号，表示在同一行中任何处于"//"后的语名都被认为是表达式注释语句。

⚠ **提示**：如果表达式输入有误，AE将会显示黄色的警告图标提示错误，并取消该表达式操作。单击警告图标，可以查看错误信息。

经验之谈

经验一：启用逐字3D化操作

启用"逐字3D化"后，用户可以使用3D动画属性以三维形式移动、缩放或旋转单个字符，且这三个属性将会获得第三个维度，而两个额外的旋转属性（X轴旋转和Y轴旋转）将变得可用，原2D图层中的"旋转"属性会被重命名为"Z轴旋转"，如图5-63所示。

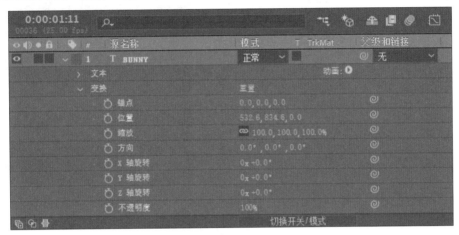

图 5-63

启用"逐字3D化"属性后，文本图层本身将会自动变成3D图层。另外，从其他图层复制三维属性，该图层也会变成3D图层。

文字图层变为3D图层后，其渲染性能可能会降低。将图层从逐字3D化图层转为2D图层时，之前图层中所有动画制作器和维度将会丢失，且重新启用逐字3D化也不会恢复这些属性。

经验二：文本动画预设内容

在After Effects CC的预设动画中提供了很多文字动画效果，以便于用户制作文字特效。在"效果和预设"面板中展开"动画预设"选项，在其下的Text文件夹下包含了所有的文本预设动画效果，如图5-64所示。

- **3D Text（3D文本）**：主要用于设置文字的3D效果。
- **Animate In（入屏动画）**：主要用于设置文字的进入效果。
- **Animate Out（出屏动画）**：主要用于设置文字的淡出效果。
- **Blurs（文字模糊）**：主要用于设置文字模糊出入效果。
- **Curves and Spins（曲线和旋转）**：主要用于设置文字扭曲和旋转效果。
- **Expressions（表达式）**：主要利用表达式设置文字效果。
- **Fill and Stroke（填充与描边）**：主要用于设置文字色块变化效果。
- **Lights and Optical（光效）**：主要用于设置文字的普通光效。

- **Mechanical（机械）**：主要用于设置文字机械运动效果。
- **Miscellaneous（混合）**：主要用于设置文字混合运动效果。
- **Multi-Line（多行）**：主要用于设置文字多行运动效果。
- **Rotation（旋转）**：主要用于设置文字旋转效果。
- **Scale（大小）**：主要用于设置文字的大小变化效果。
- **Tracking（跟踪）**：主要用于设置文字跟踪效果。

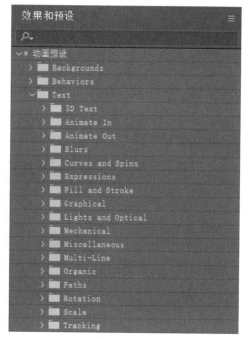

图 5-64

经验三：文字蒙版的应用

After Effects的文字属性中并没有自带的蒙版路径，如果用户想通过文字快速制作蒙版动画，可以通过"时间轴"面板中的"TrkMat（轨道遮罩）"来创建。打开"轨道遮罩"列表，可以看到"Alpha遮罩""Alpha反转遮罩""亮度遮罩""亮度反转遮罩"4个选项，如图5-65所示。

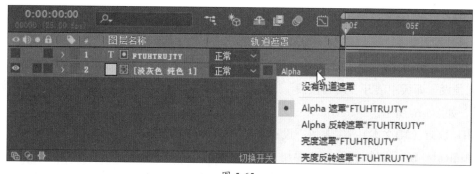

图 5-65

上手实操

为了能够更好地掌握本章所学的知识内容，下面安排了两个实操习题，让用户动起手来练一练，以达到温故知新的目的。

实操一：制作游走的文字动画效果

下面利用文字、蒙版路径、首字边距等知识制作游走的文字动画效果，如图5-66所示。

图 5-66

步骤 01 基于素材图像创建合成，利用"直排文字工具"创建文本。

步骤 02 选择文本图层，使用"钢笔工具"沿着人物边缘绘制路径，为文字图层选择路径蒙版。

步骤 03 利用"首字边距"属性创建关键帧动画。

实操二：制作文字不规则淡入效果

下面利用动画控制器来制作文字的不规则淡入效果，如图5-67所示。

图 5-67

步骤 01 新建文字，添加"位置"和"不透明度"动画属性，创建关键帧动画。

步骤 02 为范围控制器中的"偏移"属性创建关键帧动画。

步骤 03 设置"高级"属性列表中的"形状""缓和高"和"缓和低"属性。

第**6**章
色彩校正效果

内容概要

　　在影视制作的前期拍摄中，拍摄出来的图像往往会受到自然环境、光照环境和拍摄设备等客观因素的影响，出现偏色、曝光不足或者曝光过度的情况，与真实效果有一定的偏差。这就需要对画面进行调色处理，最大程度还原其本来面貌。

　　After Effects CC的调色功能主要包括图像的明度、对比度、饱和度以及色相等，可以使画面更加清晰、色彩更为饱和、主题更加突出或是达到其他色彩效果，从而改善图像质量，制作出更加理想的视频画面效果。

知识要点

- 了解色彩基础知识。
- 掌握常用调色特效的应用。

数字资源

【本章案例素材来源】："素材文件\第6章"目录下
【本章案例最终文件】："素材文件\第6章\案例精讲\制作季节变化效果.aep"

案例精讲 制作季节变化效果

下面将利用本章所学的色彩校正效果结合蒙版工具制作季节变化切换效果。具体操作步骤介绍如下。

步骤 01 启动After Effects CC 2019应用程序，系统会自动新建项目。

步骤 02 在"项目"面板单击鼠标右键，在弹出的快捷菜单中选择"导入"→"文件"命令，会打开"导入文件"对话框，选择要导入的素材，并在对话框中勾选"创建合成"复选框，如图6-1所示。

图 6-1

步骤 03 单击"导入"按钮，即可将素材导入到"项目"面板并自动创建合成，如图6-2所示。

图 6-2

步骤 04 执行"合成"→"合成设置"命令，打开"合成设置"对话框，设置持续时间为0:00:
05:00，如图6-3所示。

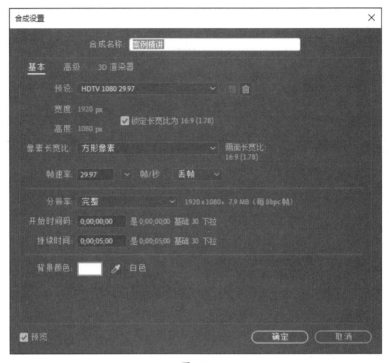

图 6-3

步骤 05 在"时间轴"面板选择素材，按Ctrl+D组合键复制图层，如图6-4所示。

图 6-4

步骤 06 右键单击图层2，在弹出的快捷菜单中选择"重命名"命令，将图层重命名为"秋季"，
如图6-5所示。

图 6-5

步骤 07 隐藏图层1,从"效果和预设"面板中选择"更改颜色"效果,并将其添加给图层2,如图6-6所示。

步骤 08 单击色块,打开"要更改的颜色"对话框,设置颜色,如图6-7所示。

图 6-6

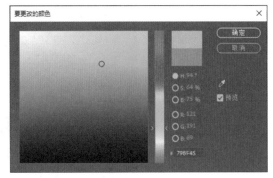

图 6-7

步骤 09 调整"色相变换""饱和度变换""匹配容差"等参数,如图6-8所示。

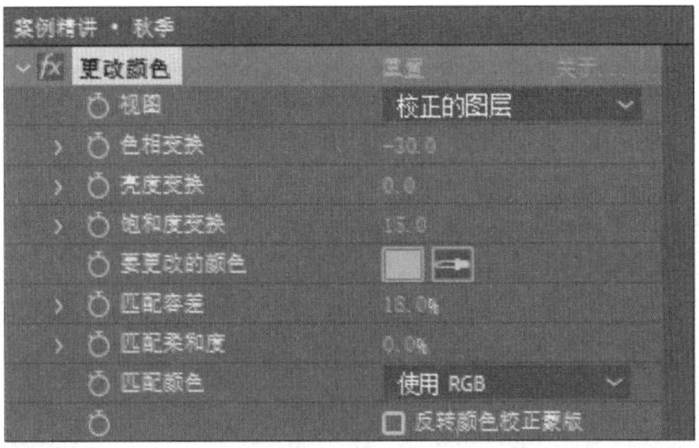

图 6-8

步骤 10 设置后的效果如图6-9所示。

图 6-9

步骤 11 从"效果和预设"面板中选择"色相/饱和度"效果，并添加到图层2，选择"黄色"通道，调整饱和度，如图6-10所示。

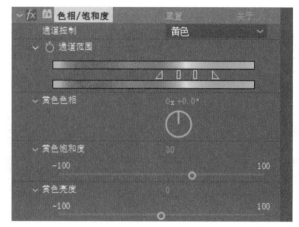

图 6-10

步骤 12 设置效果如图6-11所示。

图 6-11

步骤 13 选择"绿色"通道，调整绿色色相和饱和度，如图6-12所示。

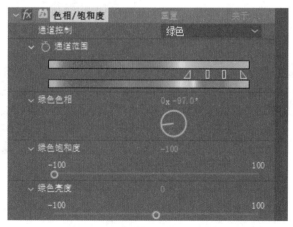

图 6-12

步骤 14 设置效果如图6-13所示。

图 6-13

步骤 15 选择"蓝色"通道，调整蓝色色相和饱和度，如图6-14所示。

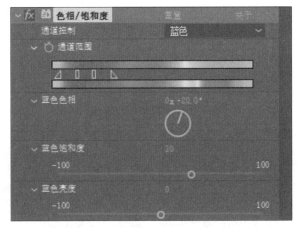

图 6-14

步骤 16 调整效果如图6-15所示。

图 6-15

步骤 **17** 取消隐藏图层1，选择"矩形工具"，在该图层上创建蒙版，如图6-16所示。

图 6-16

步骤 **18** 展开"蒙版"属性列表，将时间线移动至0:00:00:00，为"蒙版路径"属性添加关键帧，单击右侧"形状"字样，打开"蒙版形状"对话框，设置定界框参数，设置完毕后关闭对话框，再将时间线移动至0:00:05:00，继续添加关键帧，并在"蒙版形状"对话框中设置定界框参数，如图6-17和图6-18所示。

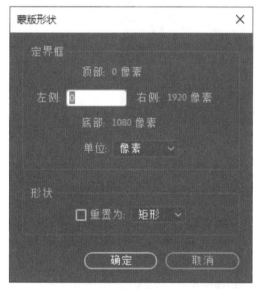

图 6-17

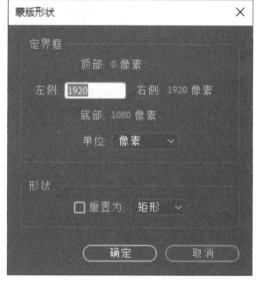

图 6-18

步骤 19 按空格键即可预览季节变化的切换效果，如图6-19所示。

图 6-19

边用边学

6.1 色彩基础知识

从一开始的黑白电视到现在的4K数字电视，色彩极大地丰富了我们的生活，使日常生活不再单调。在学习色彩校正和调色知识之前，首先需要简单了解一下色彩基础知识，才能在后期的效果制作中更好地表达自己的设计理念。

■6.1.1 色彩模式

色彩模式是数字世界中表示颜色的一种算法。为表示各种颜色，通常将颜色划分为若干分量。

（1）RGB模式。

RGB模式是一种最基本、也是使用最广泛的颜色模式。它源于有色光的三原色原理，其中，R（Red）代表红色，G（Green）代表绿色，B（Blue）代表蓝色。

每种颜色都有256种不同的亮度值，因此RGB模式理论上约有1 670多万种颜色。这种颜色模式是屏幕显示的最佳模式，像显示器、电视机、投影仪等都采用这种色彩模式。

（2）CMYK模式。

CMYK是一种减色模式。其实人的眼睛就是根据减色模式来识别颜色的。CMYK模式主要用于印刷领域。纸上的颜色是通过油墨产生的，不同的油墨混合可以产生不同的颜色效果，但是油墨本身并不会发光，它也是通过吸收（减去）一些色光，而把其他光反射到观察者的眼睛里产生颜色效果的。CMYK模式中，C（Cyan）代表青色，M（Magenta）代表品红色，Y（Yellow）代表黄色，K（Black）代表黑色。C、M、Y分别是红、绿、蓝的互补色。这3种颜色混合在一起只能得到暗棕色，得不到真正的黑色，所以另外引入了黑色。由于Black中的B也可以代表Blue（蓝色），所以为了避免产生歧义，黑色用K代表。在印刷过程中，使用这4种颜色的印刷板来产生各种不同的颜色效果。

（3）HSB模式。

HSB模式是基于人类对颜色的感觉而开发的模式，也是最接近人眼观察颜色的一种模式。H代表色相，S代表饱和度，B代表亮度。

（4）YUV（Lab）模式。

YUV模式在于它的亮度信号Y和色度信号UV是分离的，彩色电视采用YUV空间正是为了用亮度信号Y解决彩色电视机和黑白电视机的兼容问题。如果只有Y分量而没有UV分量，这样表示的图像为黑白灰度图。

Lab模型与设备无关，有3个色彩通道，一个用于亮度，另外两个用于色彩范围，简单地用字母Lab表示。Lab模型和RGB模型一样，这些色彩混在一起生成更鲜亮的颜色。

（5）灰度模式。

灰度模式的图像中只存在灰度，而没有色度、饱和度等彩色信息。灰度模式共有256个灰度级。灰度模式的应用十分广泛。在成本相对低廉的黑白印刷中，其中图像都采用了灰度模式。

通常可以把图像从任何一种颜色模式转换为灰度模式，也可以把灰度模式转换为任何一种颜色模式。当然，如果把一种彩色模式的图像经过灰度模式，然后再转换成原来的彩色模式时，图像质量会受到很大的损失。

■6.1.2 位深度

"位"（bit）是计算机存储器里的最小单元，它用来记录每一个像素颜色的值。图像的色彩越丰富，"位"就越多。每一个像素在计算机中所使用的这种位数就是"位深度"。

After Effects中常见的设定有8 bit、16 bit、32 bit三种，是指记录每个通道颜色信息所占据的存储空间。8 bit的位深度是24 bit，可以存储16 777 216种颜色，是最常见的素材标准。

对于低位深度的图像来说，提高它的位深度的意义之一在于方便调色，颜色调节的范围被大大扩展，可以缩小因反复调色带来的画质损失。

6.2 色彩校正特效

色彩是图像最显著的特征，给人以最直观的感受。通过对画面色彩的调节，可以很好地表达内心情感、升华影视作品主题。After Effects CC中提供了关于色彩校正的34个特效，集中了AE中最强大的图形图像修正特效，大大提高了工作效率。

■6.2.1 曲线

"曲线"效果可以对画面整体或单独颜色通道的色调范围进行精确控制。选择图层，执行"效果"→"颜色校正"→"曲线"命令，在"效果控件"面板中设置"曲线"效果的参数，如图6-20所示。

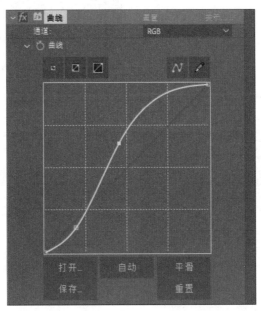

图 6-20

添加效果并设置参数，效果对比如图6-21和图6-22所示。

图 6-21

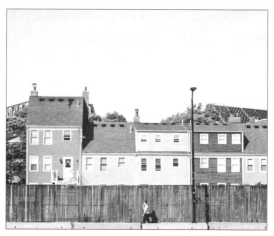

图 6-22

6.2.2 色阶

"色阶"效果主要是通过重新分布输入颜色的级别来获取一个新的颜色输出范围，以达到修改图像亮度和对比度的目的。使用色阶可以扩大图像的动态范围、查看和修正曝光，以及提高对比度等作用。选择图层，执行"效果"→"颜色校正"→"色阶"命令，在"效果控件"面板中设置"色阶"效果参数，如图6-23所示。

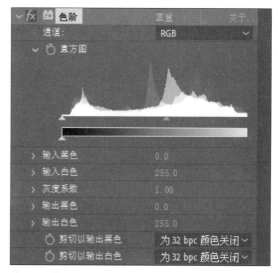

图 6-23

添加效果并设置参数，效果对比如图6-24和图6-25所示。

图 6-24

图 6-25

6.2.3 色相/饱和度

"色相/饱和度"效果可以通过调整某个通道颜色的色相、饱和度及亮度，以及对图像的某个色域局部进行调节。选择图层，执行"效果"→"颜色校正"→"色相/饱和度"命令，在"效果控件"面板中设置"色相/饱和度"效果参数，如图6-26所示。

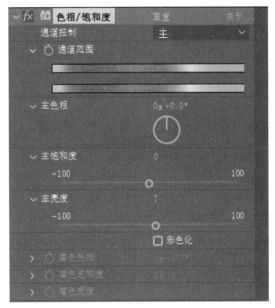

图 6-26

添加效果并设置参数，效果对比如图6-27和图6-28所示。

图 6-27

图 6-28

6.2.4 亮度和对比度

"亮度和对比度"效果主要用于调整画面的亮度和对比度，可以同时调整所有像素的亮部、暗部和中间色。

选择图层，执行"效果"→"颜色校正"→"亮度和对比度"命令，打开"效果控件"面板，在该面板中用户可以设置"亮度"和"对比度"参数，如图6-29所示。

图 6-29

添加效果并设置参数，效果对比如图6-30和图6-31所示。

图 6-30

图 6-31

■ 6.2.5　三色调

"三色调"效果可以将画面中的阴影、中间调和高光进行颜色映射，从而更换画面色调。选择图层，执行"效果"→"颜色校正"→"三色调"命令，在"效果控件"面板中设置"三色调"效果的参数，如图6-32所示。

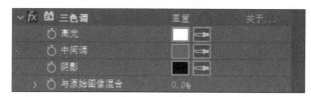

图 6-32

添加效果并设置参数，效果对比如图6-33和图6-34所示。

图 6-33

图 6-34

■6.2.6 通道混合器

"通道混合器"可以以当前层的亮度为蒙版，来调整另一个通道的亮度，并作用于当前层的各个色彩通道。应用"通道混合器"可以生成其他颜色调整工具不易生成的效果，或者通过设置每个通道提供的百分比生成高质量的灰阶图，或者生成高质量的棕色调和其他色调图像，或者交换和复制通道。

选择图层，执行"效果"→"颜色校正"→"通道混合器"命令，在"效果控件"面板中设置"通道混合器"效果的参数，如图6-35所示。

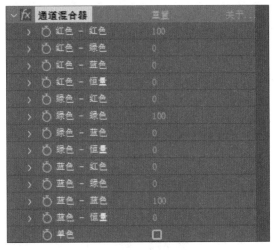

图 6-35

添加效果并设置参数，效果对比如图6-36和图6-37所示。

图 6-36

图 6-37

■6.2.7 阴影/高光

"阴影/高光"效果可以单独处理图像的阴影和高光区域，是一种高级调色特效。

选择图层，执行"效果"→"颜色校正"→"阴影/高光"命令，在"效果控件"面板中设置"阴影/高光"效果的参数，如图6-38所示。

添加效果并设置参数，效果对比如图6-39和图6-40所示。

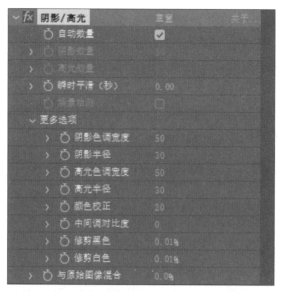

图 6-38

图 6-39

图 6-40

■6.2.8　照片滤镜

"照片滤镜"效果就像为素材添加一个滤色镜，以便和其他颜色统一。选择图层，执行"效果"→"颜色校正"→"照片滤镜"命令，在"效果控件"面板中设置"照片滤镜"效果的参数，如图6-41所示。

图 6-41

添加效果并设置参数，效果对比如图6-42和图6-43所示。

图 6-42　　　　　　　　　　　　　　　　　　图 6-43

■6.2.9　色调

　　"色调"效果用于调整图像中包含的颜色信息，在最亮和最暗之间确定融合度。选择图层，执行"效果"→"颜色校正"→"色调"命令，在"效果控件"面板中设置"色调"效果的参数，如图6-44所示。

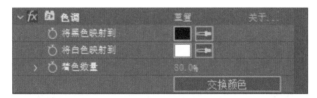

图 6-44

　　添加效果并设置参数，效果对比如图6-45和图6-46所示。

图 6-45　　　　　　　　　　　　　　　　　　图 6-46

■6.2.10　色调均化

　　"色调均化"效果又称为均衡，用于重新分布像素值以达到更加均匀的亮度平衡，常用于增加画面对比度和饱和度。选择图层，执行"效果"→"颜色校正"→"色调均化"命令，在"效果控件"面板中设置"色调均化"效果的参数，如图6-47所示。

图 6-47

添加效果并设置参数,效果对比如图6-48和图6-49所示。

图 6-48

图 6-49

■6.2.11 广播颜色

"广播颜色"效果用来校正广播级视频的颜色和亮度。选择图层,执行"效果"→"颜色校正"→"广播颜色"命令,在"效果控件"面板中设置"广播颜色"效果的参数,如图6-50所示。

图 6-50

添加效果并设置参数,效果对比如图6-51和图6-52所示。

图 6-51

图 6-52

■6.2.12 保留颜色

"保留颜色"效果类似于指定颜色的信息像素，通过脱色量去掉其他颜色。选择图层，执行"效果"→"颜色校正"→"保留颜色"命令，在"效果控件"面板中设置"保留颜色"效果的参数，如图6-53所示。

图 6-53

添加效果并设置参数，效果对比如图6-54和图6-55所示。

图 6-54

图 6-55

■6.2.13 曝光度

"曝光度"效果主要是用来调节画面的曝光程度，可以对RGB通道分别曝光。选择图层，执行"效果"→"颜色校正"→"曝光度"命令，在"效果控件"面板中设置"曝光度"效果的参数，如图6-56所示。

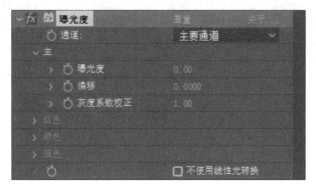

图 6-56

添加效果并设置参数，效果对比如图6-57和图6-58所示。

图 6-57图 6-58

■6.2.14　更改颜色/更改颜色为

"更改颜色"效果可以替换图像中的某种颜色，并调整改颜色的饱和度和亮度；"更改颜色为"效果可以用指定的颜色来替换图像中的某种颜色的色调、明度和饱和度。选择图层，执行"效果"→"颜色校正"→"更改颜色"命令，在"效果控件"面板中设置效果的参数，如图6-59所示。

添加效果并设置参数，效果对比如图6-60和图6-61所示。

图 6-59

图 6-60图 6-61

■6.2.15　颜色平衡

"颜色平衡"效果可以对图像的暗部、中间调和高光部分的红、绿、蓝通道分别调整。选择图层，执行"效果"→"颜色校正"→"颜色平衡"命令，在"效果控件"面板中设置"颜色平衡"效果的参数，如图6-62所示。

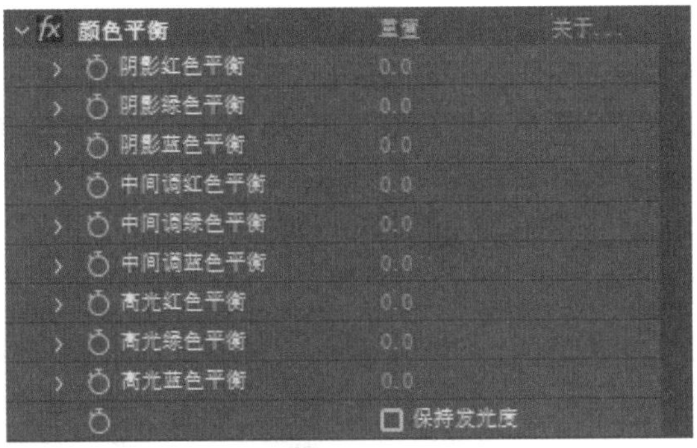

图 6-62

添加效果并设置参数，效果对比如图6-63和图6-64所示。

图 6-63

图 6-64

■6.2.16 颜色平衡（HLS）

"颜色平衡（HLS）"效果是通过调整色相、饱和度和亮度参数来控制图像的色彩平衡。选择图层，执行"效果"→"颜色校正"→"颜色平衡（HLS）"命令，在"效果控件"面板中设置"颜色平衡（HLS）"效果的参数，如图6-65所示。

图 6-65

添加效果并设置参数，效果对比如图6-66和图6-67所示。

图 6-66

图 6-67

· 133 ·

经验之谈

经验一："CC Color Neutralizer"效果的应用

"CC Color Neutralizer"效果可以对高光、阴影、中间区域的颜色进行设置与中和。选择图层，执行"效果"→"颜色校正"→"CC Color Neutralizer"命令，在"效果控件"面板中设置CC Color Neutralizer效果的参数，如图6-68所示。

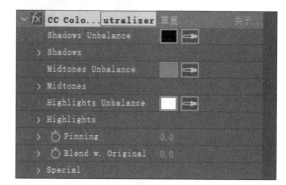

图 6-68

- **Shadows Unbalance（阴影不平衡）**：以选择的颜色的补色在画面阴影区域呈现。
- **Midtones Unbalance（中间调不平衡）**：以选择的颜色的补色在画面中间调区域呈现。
- **Highlights Unbalance（高光不平衡）**：以选择的颜色的补色在画面高光区域呈现。
- **Pining（按住）**：通过增加数值，减少上述参数的影响。
- **Blend w. Original（与源图像混合）**：设置颜色与源图像的混合比例。

经验二："CC Color Offset"效果的应用

"CC Color Offset"效果可以调节红、绿、蓝三个通道，使红色、绿色、蓝色分别产生相位偏移，从而产生极端的色彩效果。

选择图层，执行"效果"→"颜色校正"→"CC Color Offset"命令，在"效果控件"面板中设置CC Color Offset效果的参数，如图6-69所示。

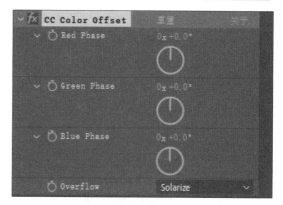

图 6-69

- **Red Phase（红色相位）**：调整图像中的红色。
- **Green Phase（绿色相位）**：调整图像中的绿色。
- **Blue Phase（蓝色相位）**：调整图像中的蓝色。
- **Overflow（溢出）**：设置超出允许范围的像素值的处理。

上手实操

为了能够更好地掌握本章所学的知识内容，下面安排了两个实操习题，让用户动起手来练一练，以达到温故知新的目的。

实操一：制作电影效果

利用曲线、色相/饱和度、照片滤镜等效果，结合图层样式制作出类似电影场景的效果。图6-70和图6-71为制作前后的对比。

图 6-70

图 6-71

步骤01 导入素材，并通过素材创建合成。

步骤02 为素材图层分别添加"曲线""色相饱和度"效果，调亮素材效果并降低饱和度。

步骤03 为素材图层添加"渐变叠加"图层样式，设置图层样式的混合模式、不透明度、渐变颜色、角度等参数。

步骤04 为素材添加"照片滤镜"效果，设置相关参数。

实操二：制作清晨阳光效果

图 6-72

图 6-73

利用曲线、亮度和对比度、通道混合器等效果，将原本冷清的素材照片制作成清晨阳光明媚的效果，如图6-72和图6-73所示。

步骤01 导入素材，并通过素材创建合成。

步骤02 为素材图层添加"曲线"效果，整体调亮。

步骤03 为素材图层添加"亮度和对比度"效果，加强明暗对比度。

步骤04 为素材图层添加"通道混合器"效果，调整蓝色的混合量。

第7章

滤镜特效

内容概要

在影视作品中，一般都离不开特效的使用。通过添加滤镜特效，可以对视频文件进行特殊的处理，使其生成丰富的视觉效果。After Effects内置了大量的效果滤镜，这些滤镜种类繁多、效果强大，是After Effects在行业中占据优势地位的有力保证。常用的内置滤镜特效包括"风格化"滤镜组、"生成"滤镜组、"模糊和锐化"滤镜组、"透视"滤镜组。本章将向读者详细介绍常用的内置滤镜特效的应用和特点。

知识要点

- 掌握"风格化"滤镜组的应用。
- 掌握"生成"滤镜组的应用。
- 掌握"模糊和锐化"滤镜组的应用。
- 熟悉"透视"滤镜组的应用。
- 熟悉"杂色和颗粒"特效的应用。
- 熟悉"扭曲"特效的应用。

数字资源

【本章案例素材来源】："素材文件\第7章"目录下
【本章案例最终文件】："素材文件\第7章\案例精讲\制作液化文字效果.aep"

案例精讲 制作液化文字效果

下面利用"分形杂色""色阶""曲线"等特效制作出文字液化的动态效果。具体操作步骤介绍如下。

步骤01 新建项目。在"项目"面板单击鼠标右键，在弹出的快捷菜单中选择"新建合成"命令，如图7-1所示。

步骤02 打开"合成设置"对话框，设置预设类型为"PAL D1/DV方形像素"，持续时间为0:00:05:00，如图7-2所示。单击"确定"按钮创建合成。

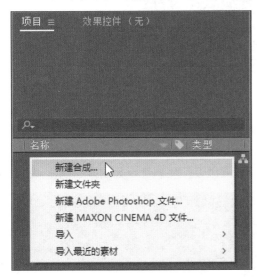

图 7-1

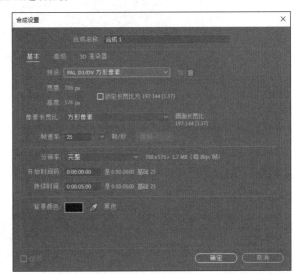

图 7-2

步骤03 在"时间轴"面板单击鼠标右键，在弹出的快捷菜单中选择"新建"→"纯色"命令，打开"纯色设置"对话框，默认颜色为黑色，如图7-3所示。单击"确定"按钮创建新的合成，如图7-4所示。

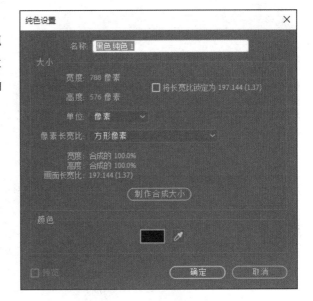

图 7-3

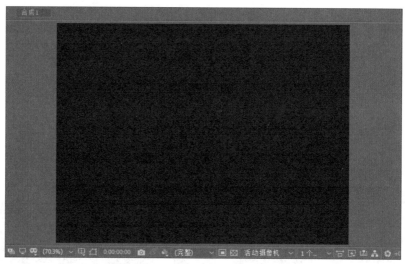

图 7-4

步骤 04 从"效果和预设"面板中选择"分形杂色"效果，添加到纯色图层上，即可在"合成"面板预览效果，如图7-5所示。

步骤 05 在"效果控件"面板中设置对比度、缩放、子设置以及演化属性，如图7-6所示。设置后的效果如图7-7所示。

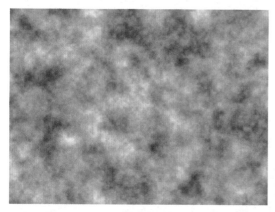

图 7-5

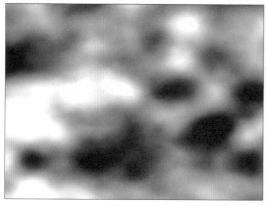

图 7-7

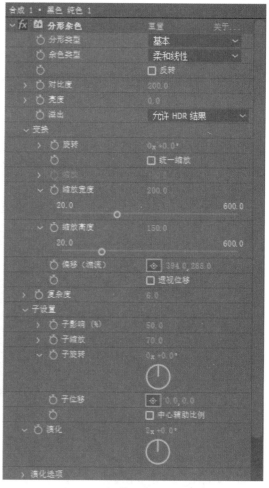

图 7-6

步骤 06 将时间线移动至0:00:00:00，展开"子设置"列表，为"子位移"属性添加关键帧，并设置参数为（0.0,280.0），再为"演化"属性添加关键帧，设置参数为2x+0.0°，如图7-8所示。

图 7-8

步骤 07 将时间线移动至0:00:04:24，为"子位移"属性添加关键帧，并设置参数为（720.0,280.0），再为"演化"属性添加关键帧，设置参数为0x+0.0°，如图7-9所示。

图 7-9

步骤 08 选择"色阶"效果添加到纯色图层上，并调整相关参数，如图7-10所示。设置后的效果如图7-11所示。

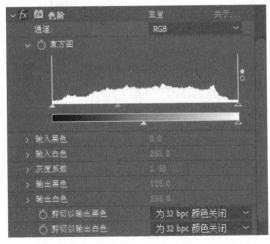

图 7-10

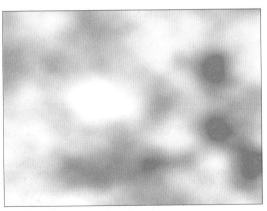

图 7-11

步骤09 添加"曲线"效果，调整曲线，如图7-12所示。调整后的效果如图7-13所示。

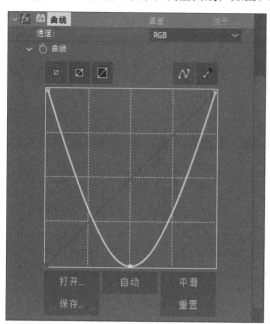

图 7-12

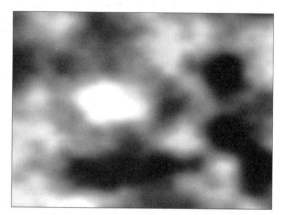

图 7-13

步骤10 保持选择纯色图层，选择"矩形工具"，在"合成"面板中绘制矩形蒙版，使矩形大于合成尺寸，如图7-14所示。

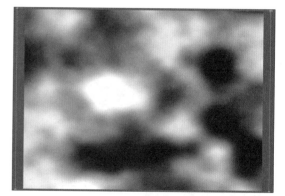

图 7-14

步骤11 展开"蒙版"属性列表，设置"蒙版羽化"参数为100，如图7-15所示。设置后的效果如图7-16所示。

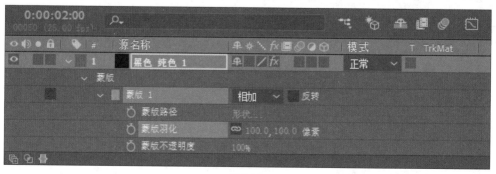

图 7-15

步骤 12 将时间线移动至0:00:00:00，展开"蒙版"属性列表，为"蒙版路径"属性添加关键帧；将时间线移动至0:00:04:24，再添加关键帧，单击"形状"按钮，打开"蒙版形状"对话框，输入新的"左侧"参数，如图7-17所示。

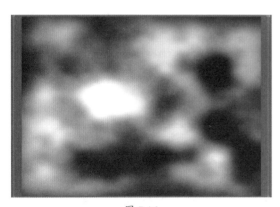

图 7-16

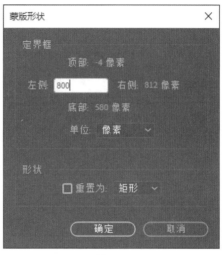

图 7-17

步骤 13 单击"确定"按钮，可以看到当前蒙版的变化，如图7-18所示。

步骤 14 按空格键可以预览当前效果的变化，如图7-19所示。

图 7-18

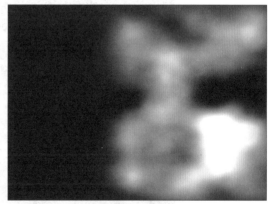

图 7-19

步骤 15 在"合成"面板新建"合成2"，其参数与"合成1"相同，如图7-20所示。

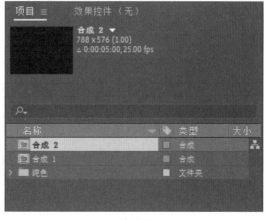

图 7-20

步骤 16 执行"文件"→"导入"→"文件"命令，打开"导入文件"对话框，选择准备好的素材文件，再单击"导入"按钮，取消勾选"创建合成"复选框，如图7-21所示。

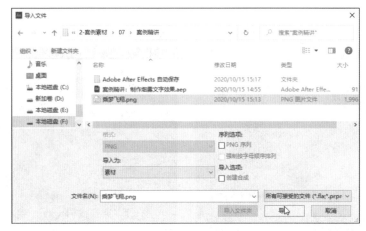

图 7-21

步骤 17 单击"导入"按钮将素材导入，再将其拖动至"时间轴"面板，展开"变换"属性列表，设置"缩放"参数，调整素材位置，如图7-22所示。

图 7-22

步骤 18 在"合成"面板新建"合成3"，并将"合成1"和"合成2"拖动至"时间轴"面板，如图7-23所示。

图 7-23

步骤 19 "合成"面板的效果如图7-24所示。

图 7-24

步骤 20 在"时间轴"面板隐藏"合成1",然后从"效果和预设"面板中选择"复合模糊"效果并添加到"合成2",在"效果控件"面板设置"模糊图层"为"2.合成1","最大模糊"参数为100,如图7-25所示。

图 7-25

步骤 21 按空格键预览动画,可以看到文字效果,如图7-26所示。

图 7-26

步骤22 从"效果和预设"面板中选择"置换图"效果并添加到"合成2",在"效果控件"面板设置"置换图层"为"2.合成1",设置"最大水平置换"和"最大垂直置换"参数都为150,"置换图特性"设置为"伸缩对应图以适合",如图7-27所示。

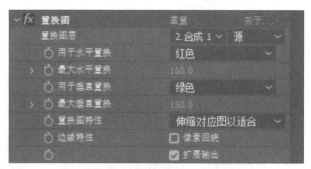

图 7-27

步骤23 按空格键预览动画,可以看到文字由液化到实体的过程,如图7-28所示。

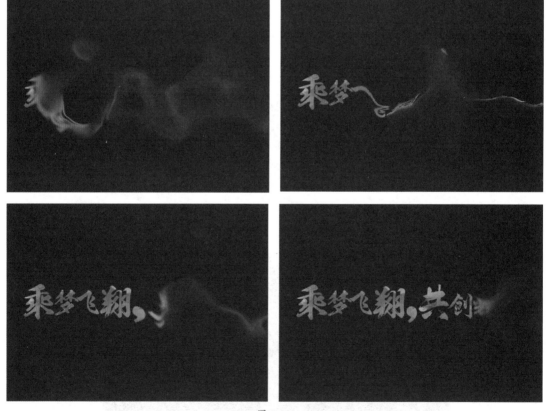

图 7-28

步骤24 保存项目,完成本案例的操作。

边用边学

7.1 "风格化"滤镜组

风格化特效是通过修改、置换原图像像素和改变图像的的对比度等操作为素材添加不同效果的特效。

"风格化"滤镜组主要包括"阈值""画笔描边""卡通""散布""CC Block Load（方块装载）""CC Burn Film（胶片灼烧）""CC Glass（玻璃）""CC HexTile（六边形拼贴）""CC Kaleida（万花筒）""CC MR.Smoothie（像素溶解）""CC Plastic（塑料）""CC RepeTile（重复平铺）""CC Threshold（阈值）""CC Threshold RGB（阈值RGB）""CC Vignette（暗角）""彩色浮雕""马赛克""浮雕""色调分离""动态拼贴""发光""查找边缘""毛边""纹理化"及"闪光灯"25个滤镜特效，如图7-29所示。

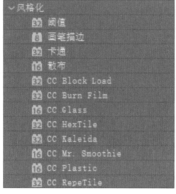

图 7-29

■7.1.1 阈值

"阈值"滤镜特效可以将灰度或彩色图像转换为高对比度的黑白图像。指定特定的级别作为阈值，比阈值浅的所有像素颜色将转换为白色，比阈值深的所有像素颜色将转换为黑。

选择图层，执行"效果"→"风格化"→"阈值"命令，打开"效果控件"面板，在该面板中用户可以设置相关参数，如图7-30所示。

添加效果并设置参数，效果对比如图7-31和图7-32所示。

图 7-30

图 7-31

图 7-32

■ 7.1.2 画笔描边

"画笔描边"滤镜特效可以将粗糙纹理的绘画外观应用到图像，用户可以使用该滤镜实现点描画法的效果。

选择图层，执行"效果"→"风格化"→"画笔描边"命令，打开"效果控件"面板，在该面板中用户可以设置相关参数，如图7-33所示。

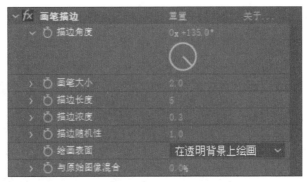

图 7-33

- **描边角度**：描边的方向。系统会按此方向有效转移图像，可能会发生一些图层边界修剪情况。
- **画笔大小**：笔刷的大小，以像素为单位。
- **描边长度**：每个描边的最大长度，以像素为单位。
- **描边浓度**：浓度较高，会导致笔刷描边重叠。
- **描边随机性**：创建不一致的描边。
- **绘画表面**：指定应用笔刷描边的位置。
- **与原始图像混合**：效果图像的透明度。效果图像与原始图像混合的结果，并合成效果图像结果。

添加效果并设置参数，效果对比如图7-34和图7-35所示。

图 7-34

图 7-35

■7.1.3 卡通

"卡通"滤镜特效可简化和平滑图像中的阴影和颜色,并可将描边添加到轮廓之间的边缘上。整体结果会减少低对比度区域中的对比度,增加高对比度区域的对比度。

选择图层,执行"效果"→"风格化"→"卡通"命令,打开"效果控件"面板,在该面板中用户可以设置相关参数,如图7-36所示。

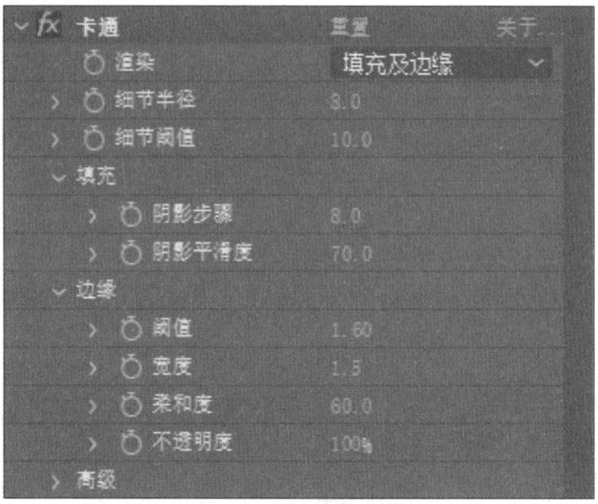

图 7-36

- **渲染**:包含"填充""边缘"和"填充及边缘"3种选择。用户可选择要执行的操作以及要显示的效果。
- **细节半径**:模糊操作的半径,此操作可用于查找边缘的操作之前平滑图像和移除细节。
- **细节阈值**:确定卡通效果如何确定哪些区域包含要保留的特征,以及哪些区域应按全模糊程度模糊化。数值越高,简化的卡通类效果越多,保留的细节越少。
- **填充**:图像的明亮度根据"阴影步骤"和"阴影平滑度"属性的设置进行量化。
- **边缘**:这些属性用于确定被视为边缘的对象的基本要素,以及对边缘应用的描边的显示方式。
- **高级**:与边缘和性能有关的高级设置。

添加效果并设置参数,效果对比如图7-37和图7-38所示。

图 7-37

图 7-38

■7.1.4 散布

"散布"滤镜特效可以在图层中散布像素，从而创建模糊的外观。在不更改每个单独像素的颜色的情况下，该特效会随机再分发像素，但分发位置是与其原有位置相同的常规区域。

选择图层，执行"效果"→"风格化"→"散布"命令，打开"效果控件"面板，在该面板中用户可以设置相关参数，如图7-39所示。

图 7-39

- **颗粒**：指定散布像素的方向：两者、水平、垂直。
- **散布随机性**：指定是否在每个帧散布更改项。

添加效果并设置参数，效果对比如图7-40和图7-41所示。

图 7-40　　　　　　　　　　　　　　　图 7-41

■7.1.5 浮雕

"浮雕"滤镜特效可以锐化图像的对象边缘，并抑制颜色，还可根据指定角度对边缘使用高光。通过控制"起伏"参数，图层的品质设置会影响浮雕效果。

选择图层，执行"效果"→"风格化"→"浮雕"命令，打开"效果控件"面板，在该面板中用户可以设置相关参数，如图7-42所示。

图 7-42

- **方向**：高光源发光的方向。
- **起伏**：浮雕的外观高度，以像素为单位。

- **对比度**：确定图像的锐度。

- **与原始图像混合**：效果图像的透明度。

添加效果并设置参数，效果对比如图7-43和图7-44所示。

 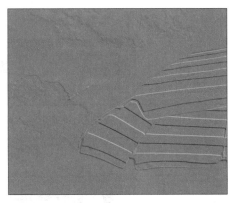

图 7-43 图 7-44

> **提示**："彩色浮雕"滤镜特效的效果与"浮雕"一样，但不会抑制图像的原始颜色。

7.1.6 马赛克

"马赛克"滤镜特效可以将画面分成若干个网格，每一格都用本格内所有颜色的平均色进行填充，使画面产生分块式的马赛克效果。

选择图层，执行"效果"→"风格化"→"马赛克"命令，打开"效果控件"面板，在该面板中用户可以设置相关参数，如图7-45所示。

图 7-45

- **水平块**：设置水平方向块的数量。

- **垂直块**：设置垂直方向块的数量。

添加效果并设置参数，效果对比如图7-46和图7-47所示。

图 7-46 图 7-47

■7.1.7 色调分离

"色调分离"滤镜特效可以分离颜色色调，颜色减少且渐变颜色过渡会替换为突变颜色过渡。

选择图层，执行"效果"→"风格化"→"色调分离"命令，打开"效果控件"面板，在该面板中用户可以设置相关参数，如图7-48所示。

图 7-48

添加效果并设置参数，效果对比如图7-49和图7-50所示。

图 7-49

图 7-50

■7.1.8 动态拼贴

选择图层，执行"效果"→"风格化"→"动态拼贴"命令，打开"效果控件"面板，在该面板中用户可以设置相关参数，如图7-51所示。

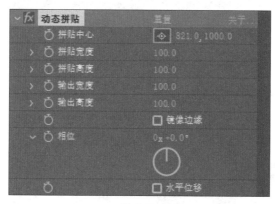

图 7-51

- **拼贴中心**：主要拼贴的中心。
- **拼贴宽度、拼贴高度**：拼贴的尺寸，显示为输入图层尺寸的百分比。
- **输出宽度、输出高度**：输出图像的尺寸，显示为输入图层尺寸的百分比。
- **镜像边缘**：翻转临近拼贴，以形成镜像图像。

● **相位：**拼贴的水平或垂直位移。

● **水平位移：**使拼贴水平（而非垂直）位移。

添加效果并设置参数，效果对比如图7-52和图7-53所示。

图 7-52

图 7-53

7.1.9 发光

　　"发光"滤镜特效可以找到图像的较亮部分，然后使那些像素和周围的像素变亮，以创建出漫射的发光光环。该特效可以基于图像的原始颜色，也可以基于Alpha通道。使用"最佳"品质渲染发光效果可以更改图层的外观。

　　选择图层，执行"效果"→"风格化"→"发光"命令，打开"效果控件"面板，在该面板中用户可以设置相关参数，如图7-54所示。

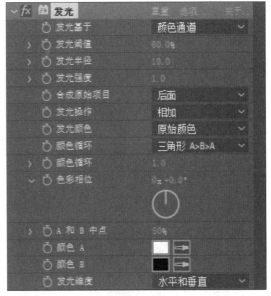

图 7-54

● **发光基于：**确定发光是基于颜色值还是透明度值。

● **发光阈值：**将阈值设置为不向其应用发光的亮度百分比。较低的数值会在图像的更多区域产生发光效果，较高的数值会在图像的更少区域产生发光效果。

● **发光半径：**发光效果从图像的明亮区域开始延伸的距离，以像素为单位。

● **发光强度：**发光的亮度。

- **合成原始项目**：指定如何合成效果结果和图层。
- **发光颜色**：发光的颜色。
- **颜色循环**：选择"A和B颜色"用于使用"颜色A"和"颜色B"控件指定的颜色，创建渐变发光。
- **色彩相位**：在颜色周期中，开始颜色循环的位置。
- **发光维度**：指定发光是水平的、垂直的还是两者兼有的。

添加效果并设置参数，效果对比如图7-55和图7-56所示。

图 7-55   图 7-56

7.1.10 查找边缘

"查找边缘"滤镜特效可以确定具有大过渡的图像区域，并可强调边缘，通常看起来像是原始图像的草图。边缘可在白色背景上显示为深色线条，也可在黑色背景上显示为彩色线条。选择图层，执行"效果"→"风格化"→"查找边缘"命令，打开"效果控件"面板，在该面板中用户可以设置相关参数，如图7-57所示。

图 7-57

添加效果并设置参数，效果对比如图7-58和图7-59所示。

 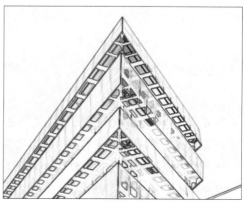

图 7-58   图 7-59

■ 7.1.11 毛边

"毛边"滤镜特效可以使Alpha通道变粗糙，并可增加颜色以模拟铁锈和其他类型的腐蚀效果。该特效可为文本或图形提供自然粗糙的外观，就像旧打字机文本的外观一般。

选择图层，执行"效果"→"风格化"→"毛边"命令，打开"效果控件"面板，在该面板中用户可以设置相关参数，如图7-60所示。

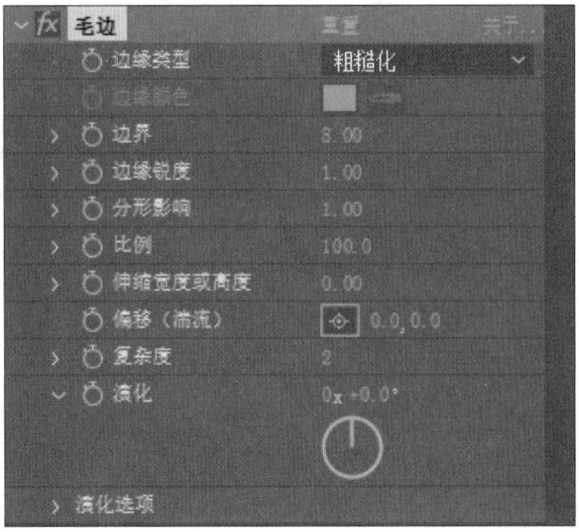

- **描边角度**：描边的方向。软件会按此方向有效转移图像，可能会发生一些图层边界修剪情况。
- **边缘类型**：粗糙化的类型。
- **边缘颜色**：对于"生锈颜色"或"颜色粗糙化"，指代应用到边缘的颜色；对于"影印颜色"，指代填充的颜色。
- **边界**：此效果从 Alpha 通道的边缘开始，向内部扩展的范围，以像素为单位。
- **边缘锐度**：低值可创建更柔和的边缘，高值可创建更清晰的边缘。
- **分形影响**：粗糙化的数量。
- **比例**：用于设置粗糙形状的大小。
- **伸缩宽度或高度**：用于计算粗糙度的分形的宽度或高度。
- **偏移（湍流）**：确定用于创建粗糙度的部分分形形状。
- **复杂度**：确定粗糙度的详细程度。
- **演化**：用于设置粗糙度随时间进行变化的动画。
- **演化选项**：用于提供控件，以便在一次短循环中渲染效果，然后在图层的持续时间内循环。

图 7-60

添加效果并设置参数，效果对比如图7-61和图7-62所示。

图 7-61

图 7-62

■ 7.1.12 CC Glass（CC玻璃）

"CC Glass（玻璃）"滤镜特效可以通过对图像属性分析，添加高光、阴影以及一些微小的变形模拟玻璃效果。

选择图层，执行"效果"→"风格化"→"CC Glass"命令，打开"效果控件"面板，在该面板中用户可以设置相关参数，如图7-63所示。

- **Bump Map（凹凸映射）**：设置在图像中出现的凹凸效果的映射图层，默认图层为1图层。
- **Property（特性）**：定义使用映射图层进行凹凸效果的方法，影响光影变化。在右侧的下拉列表中提供了6个选项。
- **Height（高度）**：定义凹凸效果中的高度。默认数值范围 $-50 \sim 50$，可用数值范围 $-100 \sim 100$。
- **Displancement（置换）**：设置原图像与凹凸效果的融合比例。默认数值范围 $-100 \sim 100$，可用数值范围 $-500 \sim 500$。

添加效果并设置参数，效果对比如图7-64和图7-65所示。

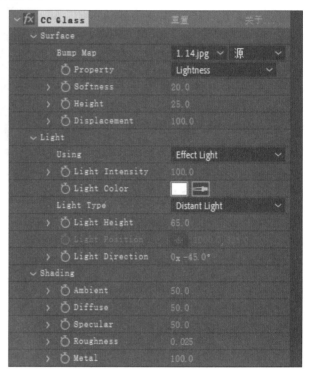

图 7-63

图 7-64

图 7-65

7.2 "生成"滤镜组

"生成"特效的主要功能是为图像添加各种各样的填充或纹理，例如圆形、渐变等，同时也可对音频添加一定的特效及渲染效果。

"生成"滤镜组包括"圆形""分形""椭圆""吸管填充""镜头光晕""CC光线扫射""CC光线照射""CC螺纹""CC喷胶枪""CC突发光2.5""光束""填充""网格""单元格图案""写入""勾画""四色渐变""描边""无线电波""梯度渐变""棋盘""油漆桶""涂写""音频波形""音频频谱"以及"高级闪电"26个滤镜特效，如图7-66所示。

图 7-66

7.2.1 网格

"网格"滤镜特效可以在图像上创建自定义的网格。该效果适合生成设计元素和遮罩，用户可以在这些设计元素和遮罩中再应用其他效果。

选择图层，执行"效果"→"生成"→"网格"命令，打开"效果控件"面板，在该面板中用户可以设置相关参数，如图7-67所示。

图 7-67

- **锚点**：网格图案的源点。移动此点会使图案发生位移。
- **大小依据**：确定矩形尺寸的方式。
- **边角点**：每个矩形的尺寸即对角由"锚点"和"边角点"定义的矩形的尺寸。
- **宽度滑块**：矩形的高度和宽度都等于"宽度"值，表示这些矩形是正方形。
- **宽度和高度滑块**：矩形的高度等于"高度"值，矩形的宽度等于"宽度"值。
- **边界**：网格线的粗细。值为0可使网格消失。
- **反转网格**：反转网格的透明和不透明区域。
- **颜色**：网格的颜色。
- **不透明度**：网格的不透明度。
- **混合模式**：用于在原始图层上面合成网格的混合模式。这些混合模式与"时间轴"面板中的混合模式一样，但默认模式"无"除外，此设置仅渲染网格。

添加效果并设置参数，效果对比如图7-68和图7-69所示。

图 7-68

图 7-69

■7.2.2 四色渐变

"四色渐变"滤镜特效在一定程度上弥补了"渐变"滤镜在颜色控制方面的不足，使用该滤镜还可以模拟霓虹灯、流光溢彩等梦幻效果。

选择图层，执行"效果"→"生成"→"四色渐变"命令，打开"效果控件"面板，在该面板中用户可以设置相关参数，如图7-70所示。

- **位置与颜色**：设置四色渐变的位置和颜色。

- **混合**：设置4种颜色之间的融合度。

- **抖动**：设置颜色的颗粒效果或扩展效果。

- **不透明度**：设置四色渐变的不透明度。

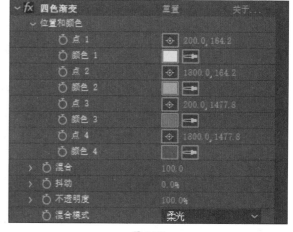

图 7-70

- **混合模式**：设置四色渐变与源图层的图层叠加模式。

添加效果并设置参数，效果对比如图7-71和图7-72所示。

图 7-71

图 7-72

■7.2.3 音频频谱

"音频频谱"滤镜特效主要是应用于食品图层，以显示包含音频（和可选视频）的图层的音频频谱。该效果可以多种不同方式显示音频频谱，包括沿蒙版路径。

选择图层，执行"效果"→"生成"→"音频频谱"命令，打开"效果控件"面板，在该面板中用户可以设置相关参数，如图7-73所示。

- **音频层**：用作输入的音频图层。
- **起始点、结束点**：指定"路径"设置为"无"时，频谱开始或结束的位置。
- **路径**：沿其显示音频频谱的蒙版路径。
- **使用极坐标路径**：路径从单点开始，并显示为径向图。
- **起始频率、结束频率**：显示的最低和最高频率，以赫兹为单位。

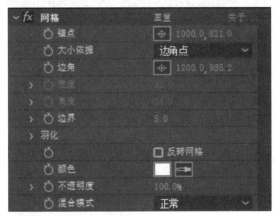

图 7-73

- **频段**：显示的频率分成的频段的数量。
- **最大高度**：显示的频率的最大高度，以像素为单位。
- **音频持续时间**：用于计算频谱的音频的持续时间，以毫秒为单位。
- **音频偏移**：用于检索音频的时间偏移量，以毫秒为单位。
- **厚度**：频段的粗细。
- **柔和度**：频段的羽化或模糊程度。
- **内部颜色、外部颜色**：频段的内部和外部颜色。
- **混合叠加颜色**：指定混合叠加频谱。
- **色相插值**：如果值大于 0，则显示的频率在整个色相颜色空间中旋转。
- **动态色相**：如果选择此选项，并且"色相插值"大于 0，则起始颜色在显示的频率范围内转移到最大频率。当此设置改变时，允许色相遵循显示的频谱的基频。
- **颜色对称**：如果选择此选项，并且"色相插值"大于 0，则起始颜色和结束颜色相同。此设置使闭合路径上的颜色紧密接合。
- **显示选项**：指定是以"数字""模拟谱线"还是"模拟频点"形式显示频率。三种显示形式如图7-74所示。

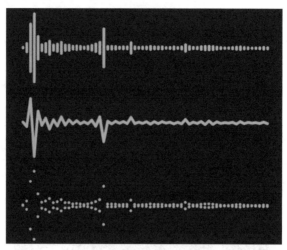

图 7-74

- **面选项**：指定是显示路径上方的频谱（A 面）、路径下方的频谱（B 面）还是这两者（A 和 B 面）。
- **持续时间平均化**：指定为减少随机性平均的音频频率。
- **在原始图像上合成**：如果选择此选项，则显示使用此效果的原始图层。

■7.2.4 高级闪电

"高级闪电"滤镜特效可以模拟创建丰富的闪电效果。

选择图层，执行"效果"→"生成"→"高级闪电"命令，打开"效果控件"面板，在该面板中用户可以设置相关参数，如图7-75所示。

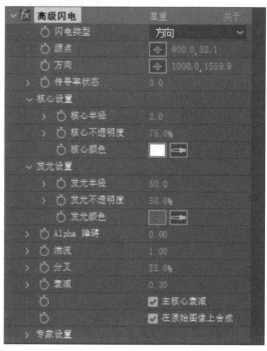

图 7-75

- **闪电类型**：指定闪电的特性，包括方向、击打、阻断、回弹、全方位、随机、垂直、双向击打。
- **源点**：为闪电指定源点。
- **方向**：指定闪电移动的方向。
- **传导率状态**：更改闪电的路径。
- **核心设置**：这些控件用于调整闪电核心的各种特性。
- **发光设置**：这些控件用于调整闪电的发光。
- **Alpha 障碍**：指定原始图层的 Alpha 通道对闪电路径的影响。

- **湍流**：指定闪电路径中的湍流数量。值越高，击打越复杂，其中包含的分支和分叉越多；值越低，击打越简单，其中包含的分支越少。
- **分叉**：指定分支分叉的百分比。"湍流"和"Alpha障碍"设置会影响分叉。
- **衰减**：指定闪电强度连续衰减或消散的数量，会影响分叉开始淡化的位置。
- **主核心衰减**：衰减主要核心以及分叉。
- **在原始图像上合成**：使用"添加"混合模式合成闪电和原始图层。取消选择此选项时，仅闪电可见。

添加效果并设置参数，效果对比如图7-76和图7-77所示。

图 7-76

图 7-77

7.3 "模糊和锐化"滤镜组

通常，模糊效果会对特定像素周围的区域采样，并将采样值平均值作为新值分配给此像素。无论大小是以半径还是长度形式表示，只要样本大小增加，模糊度就会增加。

"模糊和锐化"滤镜组包括"复合模糊""锐化""通道模糊""CC放射状快速模糊""CC放射状模糊""CC交叉模糊""CC矢量模糊""摄像机镜头模糊""摄像机抖动去模糊""智能模糊""双向模糊""定向模糊""径向模糊""快速方框模糊""钝化蒙版"以及"高斯模糊"16个滤镜特效，如图7-78所示。

图 7-78

■7.3.1 锐化

"锐化"滤镜特效可可以增强其中发生颜色变化的对比度。图层的品质设置不会影响锐化效果。选择图层，执行"效果"→"模糊和锐化"→"锐化"命令，添加效果并设置参数，效果对比如图7-79和图7-80所示。

图 7-79   图 7-80

■7.3.2 摄像机镜头模糊

"摄像机镜头模糊"滤镜特效可以用来模拟不在摄像机聚焦平面内物体的模糊效果（即用来模拟画面的景深效果），其模糊的效果取决于"光圈属性"和"模糊图"的设置。

选择图层，执行"效果"→"模糊和锐化"→"摄像机镜头模糊"命令，打开"效果控件"面板，在该面板中用户可以设置相关参数，如图7-81所示。

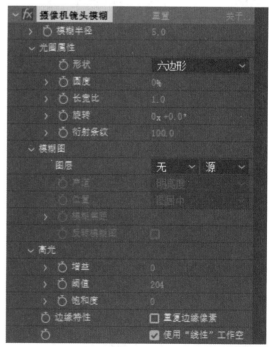

- **模糊半径**：设置镜头模糊的半径大小。
- **光圈属性**：设置摄相机镜头的属性。
- **形状**：用来控制摄像机镜头的形状。
- **圆度**：用来设置镜头的圆滑度。
- **长宽比**：用来设置镜头的画面比率。
- **旋转**：用来控制镜头模糊的方向。
- **模糊映射**：用来读取模糊图像的相关信息。
- **图层**：指定设置镜头模糊的参考图层。
- **通道**：指定模糊图像的图层通道。
- **放置**：指定模糊图像的位置。
- **模糊焦距**：指定模糊图像焦点的距离。
- **反转模糊映射**：用来反转图像的焦点。
- **高光**：用来设置镜头的高光属性。
- **增益**：用来设置图像的增益值。

图 7-81

- **阈值**：用来设置图像的容差值。
- **饱和度**：用来设置图像的饱和度。
- **边缘表现**：用来设置图像边缘模糊的重复值。

添加效果并设置参数，效果对比如图7-82和图7-83所示。

图 7-82 图 7-83

7.3.3 摄像机抖动去模糊

"摄像机抖动去模糊"滤镜特效可以帮助用户恢复摄像机抖动造成的模糊素材，减少不必要的伪影，以生成更好的效果。

选择图层，执行"效果"→"模糊和锐化"→"摄像机抖动去模糊"命令，打开"效果控件"面板，在该面板中用户可以设置相关参数，如图7-84所示。

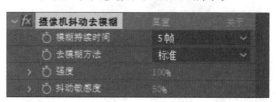

图 7-84

- **模糊持续时间**：更改与模糊帧对比的帧数，以获得非运动模糊帧。为更短的抖动时间选择更低的值，为更长的抖动时间选择更高的值。
- **去模糊方法**：使用流光方法，影响将像素从非运动模糊帧映射到模糊帧的方式。高品质提供更准确的结果，但处理时间更长；标准品质更快，并提供标准作品品质结果。
- **强度**：控制应用到模糊帧的校正量。
- **抖动敏感度**：确定是否将帧视为足够模糊而需去模糊的阈值。较低的抖动敏感值只会对最模糊的帧去模糊，不能识别其他运动模糊；较高的抖动敏感值对任何运动模糊都很敏感，并且可尝试对识别到的任何运动模糊去模糊。

⚠ **提示**：想要获得最佳效果，请在稳定素材后再应用"摄像机抖动去模糊"效果。对于难以去除模糊的影响，使用低强度值应用多个"摄像机抖动去模糊"效果副本可以获得更好的效果。

7.3.4 双向模糊

"双向模糊"滤镜特效可以选择性地使图像变模糊，从而保留边缘和其他细节。与低对比度区域相比，高对比度区域变模糊的程度要低一些。

选择图层，执行"效果"→"模糊和锐化"→"双向模糊"命令，打开"效果控件"面板，在该面板中用户可以设置相关参数，如图7-85所示。

图 7-85

- **半径**：模糊半径越大，意味着需要平均越多的像素才能确定每个像素值，因此增加半径值即会增加模糊度。
- **阈值**：在存在边缘或其他突出细节特性的区域中，模糊半径会自动减少。阈值可确定双向模糊效果如何决定哪些区域包含要保留的特性，以及哪些区域应按全模糊程度模糊化。阈值越低，保留的细节越多；阈值越高，简化的效果越多，保留的细节越少。

添加效果并设置参数，效果对比如图7-86和图7-87所示。

图 7-86　　　　　　　　　　　　　　　　　图 7-87

❗ 提示：双向模糊效果和智能模糊效果的主要差异是：双向模糊效果仍然会使边缘和细节略微变模糊。在使用同样设置的情况下，与智能模糊效果实现的效果相比，双向模糊效果实现的效果更柔软、更梦幻。

7.3.5 径向模糊

"径向模糊"滤镜特效围绕自定义的一个点产生模糊效果，越靠外模糊程度越强，常用来模拟镜头的推拉和旋转效果。在图层高质量开关打开的情况下，可以指定抗锯齿的程度，在草图质量下没有抗锯齿的作用。

选择图层，执行"效果"→"模糊和锐化"→"径向模糊"命令，打开"效果控件"面板，在该面板中用户可以设置相关参数，如图7-88所示。

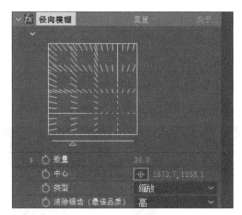

图 7-88

- **数量**：设置径向模糊的强度。
- **中心**：设置径向模糊的中心位置。
- **类型**：设置景象模糊的样式，包括旋转、缩放两种样式。
- **消除锯齿（最佳品质）**：设置图像的质量，包括低和高两种选择。

添加效果并设置参数，效果对比如图7-89和图7-90所示。

图 7-89

图 7-90

■ 7.3.6 快速方框模糊

"快速方框模糊"滤镜特效经常用于模糊和柔化图像，去除画面中的杂点，在大面积应用的时候速度更快。

选择图层，执行"效果"→"模糊和锐化"→"快速方框模糊"命令，打开"效果控件"面板，在该面板中用户可以设置相关参数，如图7-91所示。

图 7-91

- **模糊半径**：设置图像的模糊强度。
- **模糊方向**：设置图像模糊的方向，包括水平和垂直、水平、垂直3种。
- **迭代**：主要用来控制模糊质量。
- **重复边缘像素**：主要用来设置图像边缘的模糊。

添加效果并设置参数，效果对比如图7-92和图7-93所示。

图 7-92   图 7-93

7.4 "透视"滤镜组

透视效果可以为图像制作透视效果，也可以为二维素材添加三维效果。

"透视"滤镜组主要包括"3D眼镜""3D摄像机跟踪器""CC Cylinder""CC Environment""CC Sphere""CC Spotlight""径向投影""投影""斜面Alpha""边缘斜面"10个滤镜特效，如图7-94所示。

图 7-94

■7.4.1 斜面Alpha

"斜面Alpha"滤镜特效可以通过二维的Alpha通道使图像出现分界，形成假三维的倒角效果，特别适合包含文本的图像。选择图层，执行"效果"→"透视"→"斜面Alpha"命令，打开"效果控件"面板，在该面板中用户可以设置相关参数，如图7-95所示。

图 7-95

- **边缘厚度**：用来设置图像边缘的厚度效果。
- **灯光角度**：用来设置灯光照射的角度。
- **灯光颜色**：用来设置灯光照射的颜色。
- **灯光强度**：用来设置灯光照射的强度。

添加效果并设置参数，效果对比如图7-96和图7-97所示。

图 7-96

图 7-97

■7.4.2　径向阴影

"径向阴影"滤镜特效可以根据图像的Alpha通道为图像绘制阴影效果。选择图层，执行"效果"→"透视"→"径向阴影"命令，打开"效果控件"面板，在该面板中用户可以设置相关参数，如图7-98所示。

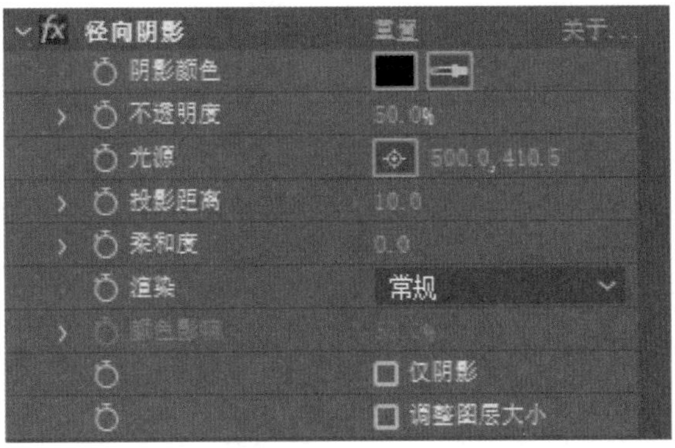

图 7-98

- **阴影颜色**：设置阴影的颜色。
- **不透明度**：设置阴影的透明程度。
- **光源**：设置光源位置。
- **投影距离**：设置投影与图像之间的距离。
- **柔和度**：设置投影的柔和程度。
- **渲染**：设置阴影的渲染方式为正常或玻璃边缘。
- **颜色影响**：设置颜色对投影效果的影响程度。
- **仅阴影**：勾选此选项可以只显示阴影模式。
- **调整图层大小**：勾选此选项可以调整图层大小。

添加效果并设置参数，效果对比如图7-99和图7-100所示。

图 7-99

图 7-100

学 习 体 会

经验之谈

经验一：深入了解"杂色和颗粒"特效

从实际环境捕获的几乎每个数字图像都包含颗粒或可视杂色，这些颗粒或可视杂色是由录制、编码、扫描或复制过程以及创建图像所用的设备造成的。其示例包括模拟视频的模糊静态、数字摄像机的压缩人为标记、扫描打印的半调图案、数字图像传感器的CCD杂色以及化学摄影的典型斑点图案（被称为胶片颗粒）。

"杂色和颗粒"滤镜组主要包括"分形杂色""匹配颗粒""杂色""杂色Alpha""杂色HLS""杂色HLS自动""湍流杂色""添加颗粒""移除颗粒""蒙尘与划痕"10个滤镜特效，如图7-101所示。

图 7-101

- **分形杂色**：可使用柏林杂色创建用于自然景观背景、置换图和纹理的灰度杂色，或模拟云、火、熔岩、蒸汽或流水等事物。
- **匹配颗粒**：可匹配两个图像之间的杂色，此效果对合成和蓝屏/绿屏工作特别有用。
- **杂色**：随机更改整个图像中的像素值。
- **杂色Alpha**：将杂色添加到Alpha通道。
- **杂色HLS、杂色HLS自动**：这两种效果可将杂色添加到图像的色相、亮度和饱和度分量。
- **湍流杂色**：湍流杂色效果可使用柏林杂色创建用于自然景观背景、置换图和纹理的灰度杂色，或模拟云、火、熔岩、蒸汽或流水等事物。
- **添加颗粒**：可从头开始生成新杂色，但不能从现有杂色中采样。
- **移除颗粒**：要移除颗粒或可见杂色，请使用该效果。
- **蒙尘与划痕**：将位于指定半径之内的不同像素更改为更类似邻近的像素，从而减少杂色和瑕疵。

经验二：全面认识"扭曲"特效

"扭曲"特效可以对图像进行扭曲、旋转等变形操作，以达到特殊的视觉效果。

After Effects中包含了大量扭曲效果，包括"球面化""贝塞尔曲线变形""漩涡条纹""改变形状""放大""镜像""CC Bend It""CC Bender""CC Blobbylize""CC Flo Motion""CC Griddler""CC Lens""CC Page Turn""CC Power Pin""CC Ripple Pulse""CC Slant""CC Smear""CC Split""CC Split2""CC Tiler""光学补偿""湍流置换""置换图""偏移""网格变形""保留细节放大""凸出""变形""变换""变形稳定器VFX""旋转扭曲""极坐标""果冻效应修复""波形变形""波纹""液化""边角定位"，如图7-102所示。

图 7-102

上手实操

为了能够更好地掌握本章所学的知识内容，下面安排了两个实操习题，让用户动起手来练一练，以达到温故知新的目的。

实操一：制作空间光影变幻效果

利用"分形杂色""CC Radial Fast Blur"以及"CC Toner"等效果，结合纯色制作出类似空间光影变幻的效果，如图7-103和图7-104所示。

图 7-103   图 7-104

步骤01 新建合成，再创建纯色图层。为纯色图层添加"分形杂色"效果，设置"旋转""缩放""演化"参数并创建关键帧。

步骤02 为纯色图层添加"CC Radial Fast Blur"效果，设置Center、Amount及Zoom参数并创建关键帧。

步骤03 为纯色图层添加"CC Toner"效果，设置Midtones颜色并创建关键帧。

实操二：制作心电图效果

创建纯色图层作为背景，利用"钢笔工具"绘制心电图路径，再结合网格、勾画等特效制作出心电图效果，如图7-105所示。

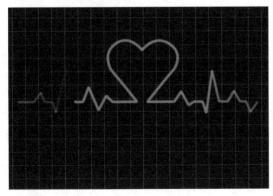

图 7-105

步骤01 新建合成，再创建纯色图层。

步骤02 为纯色图层添加"网格"效果，设置网格大小及颜色。

步骤03 创建纯色图层，在图层上利用"钢笔工具"绘制一段路径，结合标尺调整锚点。

步骤04 为新的图层添加"勾画"效果，设置"描边"类型、片段、长度、宽度等参数。

步骤05 设置旋转参数并添加关键帧。

第8章

过渡特效

内容概要

与其他非线性编辑软件的过渡特效应用于镜头与镜头之间不同，After Effects的过渡特效主要是作用在图层上。通过图层之间的特效变换进行转场，可以让图像和视频展示出神奇的视觉效果。本章将简单介绍过渡的含义，讲解After Effects中常用过渡特效的应用和特点。

知识要点

- 了解什么是过渡。
- 掌握"过渡"特效的应用。
- 掌握其他过渡方式。

数字资源

【本章案例素材来源】："素材文件\第8章"目录下

【本章案例最终文件】："素材文件\第8章\案例精讲\制作创意电子相册.aep"

案例精讲 制作创意电子相册

本案例将利用合适的过渡特效结合蒙版工具制作一个堆叠方式的电子相册，具体操作步骤介绍如下。

步骤01 新建项目。执行"合成"→"新建合成"命令，打开"合成设置"对话框，选择预设类型为HDTV 1080 29.97，持续时间为15秒，如图8-1所示。

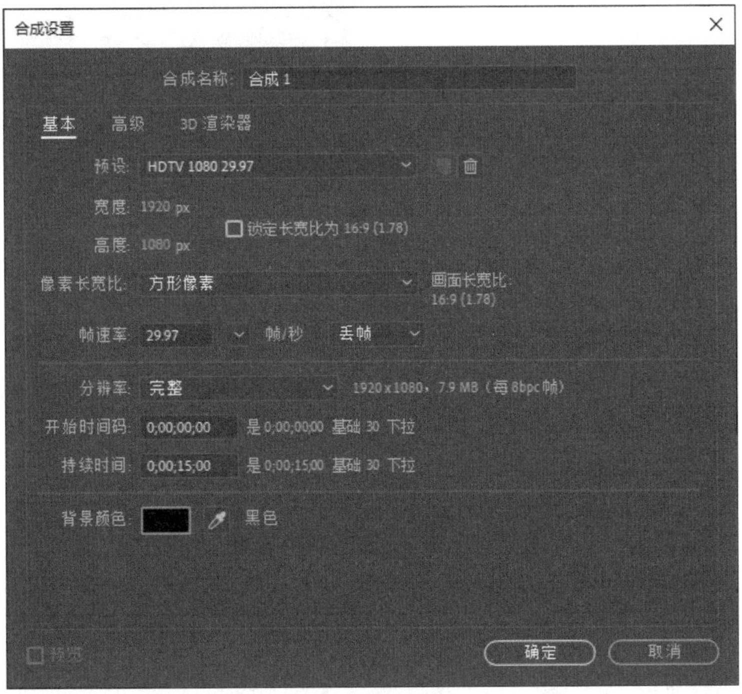

图 8-1

步骤02 单击"确定"按钮，创建新的合成。导入背景素材，如图8-2所示。

图 8-2

步骤03 选择"横排文字工具"，在"字符"面板中设置文字的字体、大小、颜色等参数，如图8-3所示。

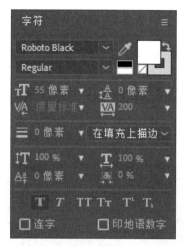

图 8-3

步骤04 输入文字内容，设置水平对齐和垂直对齐，如图8-4所示。

图 8-4

步骤05 展开文字图层的属性列表，选择"不透明度"属性，在0:00:00:00位置添加关键帧，设置不透明度为0%，如图8-5所示。在0:00:01:15位置添加关键帧，设置不透明度为100%。在0:00:02:15位置添加关键帧，设置不透明度为50%。在0:00:03:00位置添加关键帧，设置不透明度为100%。在0:00:04:00位置添加关键帧，设置不透明度为0%。

图 8-5

步骤 06 执行"图层"→"新建"→"纯色"命令，打开"纯色设置"对话框，设置颜色为白色，如图8-6所示。单击"确定"按钮即可创建纯色图层。

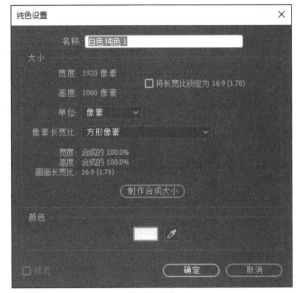

图 8-6

步骤 07 在"时间轴"面板展开纯色图层的属性列表，选择"缩放"属性，取消"约束比例"，设置参数为（22.0,58.0%），如图8-7所示。

图 8-7

步骤 08 设置后效果如图8-8所示。

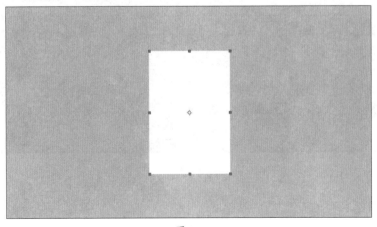

图 8-8

步骤 **09** 选择"矩形工具",在纯色图层上创建矩形蒙版,为"蒙版"属性勾选"反转"复选框,制作出照片边框,如图8-9和图8-10所示。

图 8-9

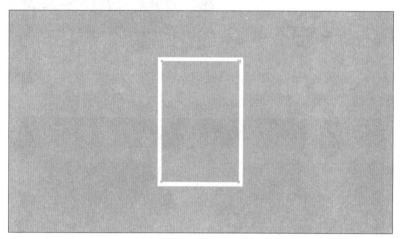

图 8-10

步骤 **10** 导入一张照片素材,置于纯色图层下方,展开属性列表,设置其"缩放"参数为(10.0,10.0%),如图8-11所示。

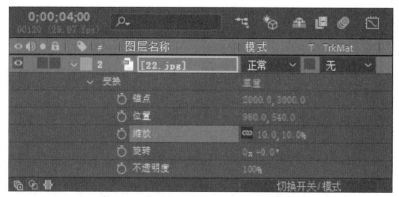

图 8-11

步骤 **11** 设置效果如图8-12所示。

图 8-12

步骤 **12** 选择纯色图层和素材图层，单击鼠标右键，在弹出的快捷菜单中选择"预合成"命令，如图8-13所示。

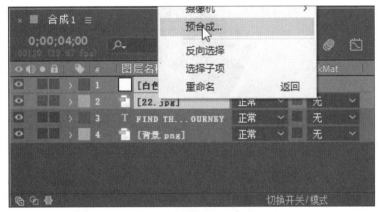

图 8-13

步骤 **13** 展开"预合成1"属性列表，将时间线移动至0:00:04:00，分别为"位置"属性和"旋转"属性添加关键帧，设置位置参数为（860.0，-380.0），旋转参数为0x+200.0°，如图8-14所示。再将时间线移动至0:00:04:15，添加关键帧，设置位置参数为（960.0，540.0），旋转参数为0x-120.0°，如图8-15所示。

图 8-14

图 8-15

步骤14 按空格键可以预览照片进入的效果，如图8-16所示。

图 8-16

步骤15 按照上述操作方法，制作出多个随机方向和旋转角度进入的照片效果，如图8-17所示。

图 8-17

步骤16 导入文件夹中的人物图像，并将其创建新的合成，命名为"人物1"，如图8-18和图8-19所示。

图 8-18

图 8-19

步骤17 双击"人物1"，预合成进入新的"合成"面板，按照上述操作步骤创建出照片边框，如图8-20和图8-21所示。

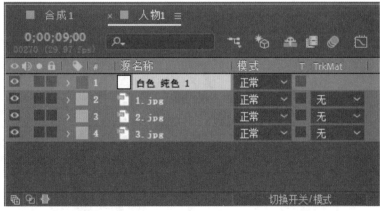

图 8-20

图 8-21

步骤18 将3张照片素材的"缩放"属性都设置为（29.0,29.0%），合成效果如图8-22所示。

图 8-22

步骤19 返回"合成1"，效果如图8-23所示。

图 8-23

步骤 **20** 展开"人物1"属性列表，将时间线移动至0:00:08:15，分别为"位置"属性和"旋转"属性添加关键帧，设置位置参数为（750.0，-380.0），旋转参数为0x+150.0°，如图8-24所示。再将时间线移动至0:00:09:00，添加关键帧，设置位置参数为（660.0，450.0），旋转参数为0x-15.0°，如图8-25所示。

图 8-24

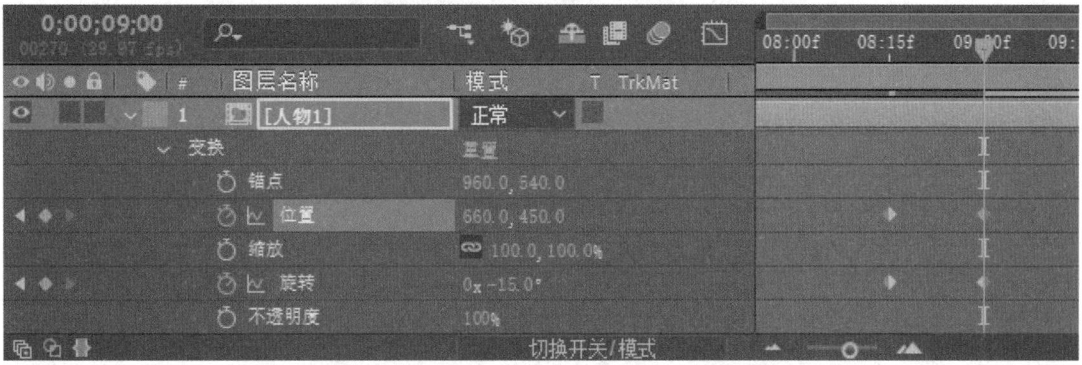

图 8-25

步骤 **21** 按空格键预览动画，可以看到人物照片飘落的效果，如图8-26所示。

图 8-26

步骤 **22** 进入"人物1"合成面板，从"效果和预设"面板中选择"CC Glass Wipe"过渡特效添加到图层2，在"效果控件"面板中设置相关参数，如图8-27所示。

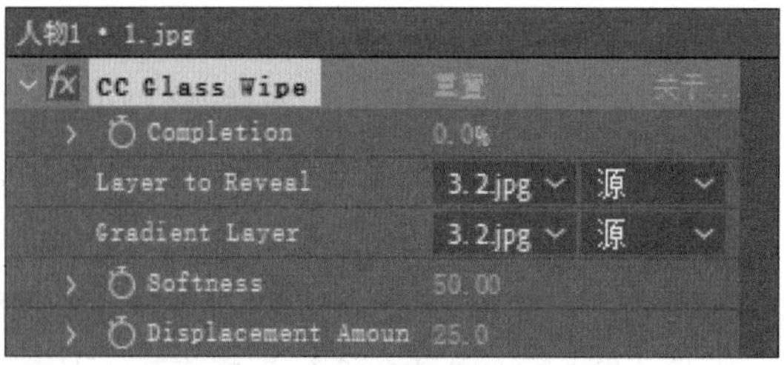

图 8-27

步骤 23 展开"时间轴"面板的属性列表，在0:00:09:00位置为"Completion"属性添加关键帧，设置参数为0.0%，如图8-28所示。再将时间线移动至0:00:10:00，添加关键帧并设置参数为100%，如图8-29所示。

图 8-28

图 8-29

步骤 24 按空格键预览动画，如图8-30所示。

图 8-30

步骤25 进入"人物1"合成面板,将时间线移动至0:00:10:15,选择图层2,按Alt+]组合键编辑该图层的出点,再选择图层3,执行"编辑"→"拆分图层"命令,拆分该图层,如图8-31所示。

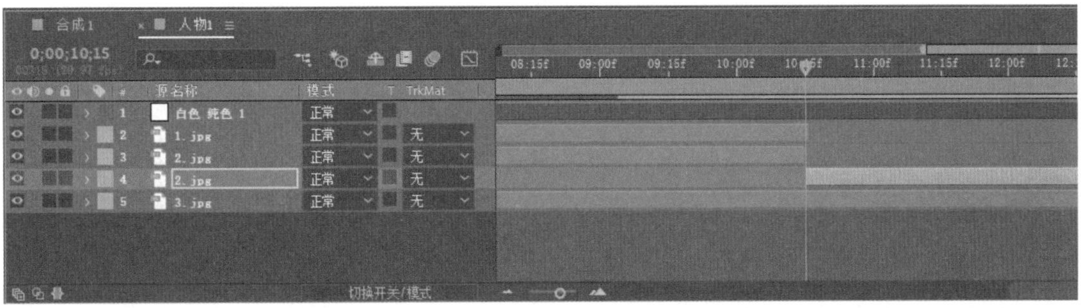

图 8-31

步骤26 同样使用"CC Glass Wipe"过渡特效添加到新的图层4,设置Softness参数为50,并为"Completion"属性添加关键帧,在0:00:10:15位置设置为0%,在0:00:11:15位置设置为100%,如图8-32所示。

图 8-32

步骤 **27** 按空格键从头开始预览动画，如图8-33所示。

图 8-33

步骤 **28** 保存项目，完成本案例的制作。

你学会了吗？

边用边学

8.1 了解什么是过渡

After Effects CC中的过渡是指素材与素材之间的转场动画效果，其目的是使当前图层以各种形态逐渐消失，直至完全显示出下方图层或指定图层。

过渡效果在影视作品中起着承上启下的衔接作用。当一个场景淡出时，另一个场景淡入，在视觉上会辅助画面传达一系列情感，以吸引观看者的注意力。在制作项目时针对素材使用合适的过渡效果，可以很好地增强作品播放的连贯性，从而呈现更加炫酷的动态效果，感受震撼的视觉体验。

After Effects CC提供了多种过渡特效，包括"渐变擦除""卡片擦除""CC Glass Wipe（CC玻璃擦除）""CC Grid Wipe（CC网格擦除）""CC Image Wipe（CC图像擦除）""CC Jaws（CC锯齿）""CC Light Wipe（CC照明式擦除）""CC Line Sweep（CC光线扫描）""CC Radial ScaleWipe（CC镜像缩放擦除）""CC Scale Wipe（CC缩放擦除）""CC Twister（CC龙卷风）""CC WaprpoMatic（CC自动弯曲）""光圈溶解""块溶解""百叶窗""径向擦除""线性擦除"17个滤镜特效，如图8-34所示。本章主要介绍常用的几种特效的应用。

图 8-34

> ❶ **提示**：除"光圈擦除"之外的所有过渡效果都有"过渡完成"属性。当此属性为100%时，过渡完成，自身变得完全透明，底层图层将显现出来。通常可以在过渡时间内通过该属性值制作过渡动画。

8.2 "过渡"特效组

合理使用过渡效果可以使作品的转场变得更加丰富，本节将对"过渡"特效组中的效果进行详细介绍。

■ 8.2.1 渐变擦除

"渐变擦除"过渡特效会使图层中的像素基于另一个图层（称为渐变图层）中相应像素的明亮度值变得透明。渐变图层中的深色像素会使对应像素以较低的"过渡完成"值变得透明。

选择图层，执行"效果"→"过渡"→"渐变擦除"命令，打开"效果控件"面板，在该面板中用户可以设置相关参数，如图8-35所示。

图 8-35

- **过渡完成**：过渡比例。
- **过渡柔和度**：每个像素渐变的程度。
- **渐变位置**：设置渐变方式，包括"拼贴渐变""中心渐变"和"伸缩渐变以适合"3种。
- **反转渐变**：以默认渐变相反的方式进行过渡。

添加效果并设置参数，效果对比如图8-36和图8-37所示。

图 8-36

图 8-37

■8.2.2　卡片擦除

"卡片擦除"过渡特效可以模拟一组卡片，这组卡片先显示一个图层，然后翻转以显示下方图层。选择图层，执行"效果"→"过渡"→"卡片擦除"命令，打开"效果控件"面板，在该面板中用户可以设置相关参数，如图8-38所示。

- **过渡宽度**：从原始图像更改到新图像区域的宽度。
- **背面图层**：在卡片背面分段显示的图层。可以使用合成中的任何图层，甚至可以关闭其"视频"开关。如果图层有效果或蒙版，则先预合成此图层。
- **行数和列数**：指定行数和列数的相互关系。"独立"可同时激活"行数"和"列数"滑块。"列数受行数控制"只激活"行数"滑块。如果选择此选项，则列数始终与行数相同。

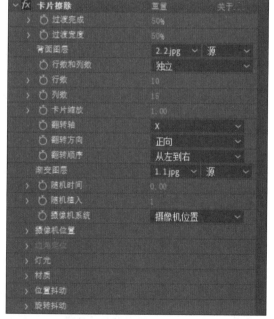

图 8-38

- **行数、列数**：行和列的数量，最多1 000。
- **卡片缩放**：卡片的大小。小于 1 的值会按比例缩小卡片，从而显示间隙中的底层图层。

大于1的值会按比例放大卡片，从而在卡片相互重叠时创建块状的马赛克效果。

- **翻转轴**：每个卡片绕其翻转的轴。
- **翻转方向**：卡片绕其轴翻转的方向。
- **翻转顺序**：过渡发生的方向。还可以使用渐变定义自定义翻转顺序：卡片首先翻转渐变为黑色的位置，最后翻转渐变为白色的位置。
- **渐变图层**：用于"翻转顺序"的渐变图层，可以使用合成中的任何图层。
- **随机时间**：随机化过渡时间。如果此控件设置为0，则卡片将按顺序翻转。值越高，卡片翻转顺序的随机性就越大。
- **摄像机系统**：使用效果的"摄像机位置"属性、效果的"边角定位"属性，还是默认的合成摄像机和光照位置渲染卡片的3D图像。
- **摄像机位置**：设置摄像机的旋转轴、xy空间中的位置、z轴上的位置、焦距、变换顺序。
- **边角定位**：备用的摄像机控制系统。
- **位置抖动**：指定x、y和z轴的抖动量和速度。"X抖动量""Y抖动量"和"Z抖动量"指定额外运动的量。"X抖动速度""Y抖动速度"和"Z抖动速度"值指定每个"抖动量"选项的抖动速度。
- **旋转抖动**：指定围绕x、y和z轴的旋转抖动的量和速度。"X旋转抖动量""Y旋转抖动量"和"Z旋转抖动量"指定沿某个轴旋转抖动的量。值90°使卡片可在任意方向旋转最多90°。"X旋转抖动速度""Y旋转抖动速度"和"Z旋转抖动速度"值指定旋转抖动的速度。

添加效果并设置参数，效果对比如图8-39和图8-40所示。

图 8-39

图 8-40

■8.2.3 CC Glass Wipe（CC玻璃擦除）

"CC Glass Wipe"过渡特效可以融化当前层以显示下方图层。选择图层，执行"效果"→"过渡"→"CC Glass Wipe"命令，打开"效果控件"面板，在该面板中用户可以设置相关参数，如图8-41所示。

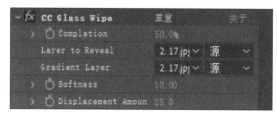

图 8-41

- **Completion**：设置过渡完成百分比。
- **Layer to Reveal**：设置要显示的图层。
- **Gradient Layer**：设置渐变显示的图层。
- **Softness**：设置边缘柔化程度。

添加效果并设置参数，效果对比如图8-42和图8-43所示。

图 8-42

图 8-43

■8.2.4　CC Grid Wipe（CC网格擦除）

"CC Grid Wipe"过渡特效可以模拟网格图形进行擦除过渡。选择图层，执行"效果"→"过渡"→"CC Grid Wipe"命令，打开"效果控件"面板，在该面板中用户可以设置相关参数，如图8-44所示。

图 8-44

- **Center**：设置网格擦除中心点。
- **Rotation**：设置网格的旋转角度。
- **Border**：设置网格的边界位置。
- **Tiles**：设置网格大小。

添加效果并设置参数，效果对比如图8-45和图8-46所示。

图 8-45

图 8-46

■8.2.5 CC Jaws（CC锯齿）

"CC Jaws"过渡特效可以模拟锯齿形状进行擦除。选择图层，执行"效果"→"过渡"→

"CC Jaws"命令，打开"效果控件"面板，
在该面板中用户可以设置相关参数，如图8-47
所示。

- **Direction**：设置擦除方向。
- **Height、Width**：设置锯齿的高度和宽度。
- **Shape**：设置锯齿的形状。

添加效果并设置参数，效果对比如图8-48
和图8-49所示。

图 8-47

图 8-48

图 8-49

■ 8.2.6 CC Light Wipe（CC照明式擦除）

"CC Light Wipe"过渡特效可以模拟光线擦拭的效果，以正圆形状逐渐显露出下方图层。选择图层，执行"效果"→"过渡"→"CC Light Wipe"命令，打开"效果控件"面板，在该面板中用户可以设置相关参数，如图8-50所示。

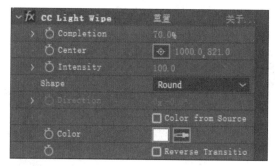

图 8-50

- **Direction**：设置擦除方向。
- **Height、Width**：设置锯齿的高度和宽度。
- **Shape**：设置锯齿的形状。

添加效果并设置参数，效果对比如图8-51和图8-52所示。

图 8-51

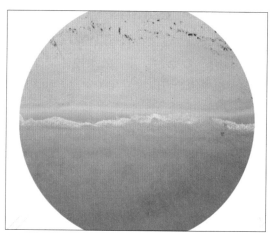

图 8-52

■ 8.2.7 CC Radial ScaleWipe（CC径向缩放擦除）

"CC Radial ScaleWipe"过渡效果可以对图层进行径向缩放以显示下方图层。选择图层，执行"效果"→"过渡"→"CC Radial ScaleWipe"命令，打开"效果控件"面板，在该面板中用户可以设置相关参数，如图8-53所示。

图 8-53

- **Centr**：设置效果中心点。
- **Reverse Transition**：勾选该选项，可以反转径向方向。

添加效果并设置参数，效果对比如图8-54和图8-55所示。

图 8-54

图 8-55

■8.2.8 CC WarpoMatic（CC自动弯曲）

"CC WarpoMatic"过渡特效可以使图像发生弯曲变形，并逐渐变为透明。选择图层，执行"效果"→"过渡"→"CC WarpoMatic"命令，打开"效果控件"面板，在该面板中用户可以设置相关参数，如图8-56所示。

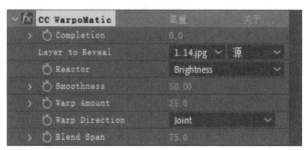

图 8-56

- **Completion**：设置过渡完成百分比。
- **Layer to Reveal**：设置要显示的图层。
- **Reactor**：设置过渡模式。
- **Smoothness**：设置边缘平滑程度。
- **Warp Amount**：设置变形程度。
- **Warp Direction**：设置变形方向。
- **Blend Span**：设置混合的跨度。

添加效果并设置参数，效果对比如图8-57和图8-58所示。

图 8-57

图 8-58

■8.2.9　光圈擦除

　　"光圈擦除"过渡特效可以通过修改Alpha通道执行星形擦除。选择图层，执行"效果"→"过渡"→"光圈擦除"命令，打开"效果控件"面板，在该面板中用户可设置相关参数，如图8-59所示。

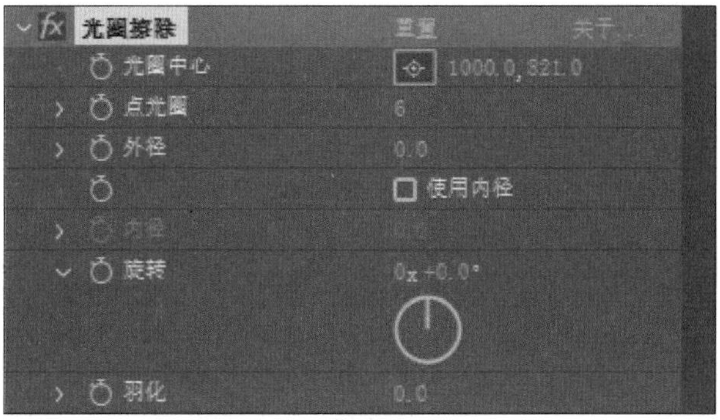

　　● **光圈中心**：设置光圈擦除中心点。
　　● **点光圈**：设置光圈多边形的边数。
　　● **外径、内径**：设置内外半径。
　　● **旋转**：设置光圈旋转角度。

图 8-59

添加效果并设置参数，效果对比如图8-60和图8-61所示。

图 8-60

图 8-61

■8.2.10 块溶解

"块溶解"过渡特效可以使图层消失在随机块中。选择图层，执行"效果"→"过渡"→"块溶解"命令，打开"效果控件"面板，在该面板中用户可以设置相关参数，如图8-62所示。

图 8-62

● **块宽度、块高度：** 设置溶解块的宽度和高度。

● **柔化边缘：** 勾选此项，会使边缘更加柔和。

添加效果并设置参数，效果对比如图8-63和图8-64所示。

图 8-63   图 8-64

■8.2.11 百叶窗

"百叶窗"过渡特效通过分割的方式对图像进行擦拭，以达到切换转场的目的，就如同生活中的百叶窗闭合一样。选择图层，执行"效果"→"过渡"→"百叶窗"命令，打开"效果控件"面板，在该面板中用户可以设置相关参数，如图8-65所示。

图 8-65

● **过渡完成：** 控制转场完成的百分比。

● **方向：** 控制擦拭的方向。

● **宽度：** 设置分割的宽度。

● **羽化：** 控制分割边缘的羽化。

添加效果并设置参数，效果对比如图8-66和图8-67所示。

图 8-66

图 8-67

■8.2.12　径向擦除

"径向擦除"过渡特效是使用环绕指定点的擦除方式显示底层图层。使用"最佳"品质时，擦除的边缘会消除锯齿。选择图层，执行"效果"→"过渡"→"径向擦除"命令，打开"效果控件"面板，在该面板中用户可以设置相关参数，如图8-68所示。

图 8-68

- **起始角度**：过渡开始的角度。当起始角度为0°时，过渡会从顶部开始。
- **擦除中心**：径向擦除的圆心位置。
- **擦除**：指定过渡是按顺时针还是逆时针移动，或者在二者之间交替移动。

添加效果并设置参数，过渡效果如图8-69和图8-70所示。

图 8-69

图 8-70

■8.2.13 线性擦除

"线性擦除"过渡特效是按指定方向对图层执行简单的线性擦除。使用"草图"品质时，擦除的边缘不会消除锯齿；使用"最佳"品质时，擦除的边缘会消除锯齿且羽化是平滑的。

选择图层，执行"效果"→"过渡"→"线性擦除"命令，打开"效果控件"面板，在该面板中用户可以设置相关参数，如图8-71所示。

图 8-71

● 擦除角度：擦除进行的方向。

添加效果并设置参数，过渡效果如图8-72和图8-73所示。

图 8-72

图 8-73

经验之谈

经验一：利用"CC Burn Film"特效实现过渡转场

"CC Burn Film"属于风格化特效，该滤镜特效会在画面上产生随机的遮罩点，可以制造出火焰灼烧转场的效果。选择图层，执行"效果"→"风格化"→"CC Burn Film"命令，打开"效果控件"面板，在该面板中用户可以设置相关参数，如图8-74所示。

图 8-74

添加效果并设置参数，画面灼烧过程如图8-75和图8-76所示。

图 8-75

图 8-76

经验二：利用纯色图层实现过渡转场

除了过渡特效外，用户也可以利用纯色图层来制作转场效果。为After Effects CC导入素材后，在"时间轴"面板分别调整转场前后两个图层的入点和出点位置。创建一个新的纯色图层，将图层置于顶部，并调整纯色图层的入点和出点，如图8-77所示。根据其"不透明度"属性创建关键帧，即可制作出图层的渐变效果。

图 8-77

上手实操

为了能够更好地掌握本章所学的知识内容，下面安排了两个实操习题，让用户动起手来练一练，以达到温故知新的目的。

实操一：制作倒计时效果

利用径向擦除效果，结合纯色图层和文本图层制作出倒计时的效果，如图8-78和图8-79所示。

图 8-78

图 8-79

步骤01 新建合成，根据倒计时长设置持续时间。

步骤02 创建纯色图层和文字图层，创建预合成。重复该操作，创建不同颜色的纯色图层。

步骤03 为每个预合成添加"径向擦除"效果，并且每隔一秒创建关键帧。

步骤04 播放动画即可看到倒计时效果。

实操二：制作照片碎裂效果

利用"卡片擦除"和"斜面Alpha"效果，制作出立体的照片的碎裂效果，如图8-80和图8-81所示。

图 8-80

图 8-81

步骤01 新建合成，导入素材图像。

步骤02 隐藏图层2，为图层1添加"斜面Alpha"效果，使其具有立体效果。

步骤03 为图层1添加"卡片擦除"效果。设置背面图层为图层2，再设置行数、列数、翻转轴、反转方向、随机时间等参数。

步骤04 为"过渡完成"属性添加关键帧，设置卡片过渡的起始和结束。

步骤05 为"摄像机位置"属性添加关键帧，制作图像倾斜效果。

步骤06 为"位置抖动"和"旋转抖动"中的参数添加关键帧，制作出卡片随机翻转效果。

第9章
仿真粒子特效

内容概要

　　粒子特效可以生成大量相似物体独立运动的模拟效果，用户可以通过该特效系统快速模拟出云雾、火焰、下雪、下雨、爆炸等自然效果，还能制作出具有空间感和奇幻感的画面效果，渲染场景气氛，使场景更加美观、震撼。

　　本章将为读者介绍"模拟"仿真特效组中一系列特效的相关知识，以及经典粒子插件Particular的安装和应用，从而更好地制作出粒子特效。

知识要点

- 掌握"粒子运动场"特效的应用。
- 掌握"碎片"特效的应用。
- 掌握"CC Particle World（CC粒子世界）"特效的应用。
- 熟悉"模拟"特效列表中其他特效的应用。
- 熟悉Particular插件和Form插件。

数字资源

【本章案例素材来源】："素材文件\第9章"目录下

【本章案例最终文件】："素材文件\第9章\案例精讲\制作雨滴划过玻璃效果.aep"

案例精讲 制作雨滴划过玻璃效果

本案例将通过"CC Particle World（CC仿真粒子世界）""湍流置换""快速方框模糊""CC Glass""摄像机镜头模糊"等特效制作出雨滴划过玻璃的效果。具体的操作步骤介绍如下。

扫码观看视频

步骤 01 新建项目。在"项目"面板单击鼠标右键，在弹出的快捷菜单中选择"新建合成"命令，打开"合成设置"对话框，设置预设类型为"HDTV 1080 29.97"，持续时间为10秒，如图9-1所示。单击"确定"按钮创建合成。

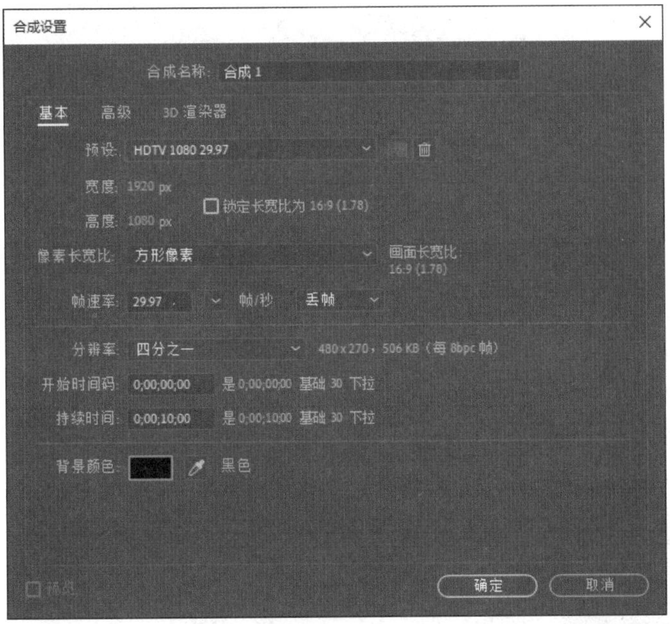

图 9-1

步骤 02 执行"导入"→"文件"命令，打开"导入文件"对话框，选择准备好的"机场"素材，如图9-2所示。

图 9-2

步骤 03 单击"确定"按钮导入素材，再将其拖入"时间轴"面板，如图9-3所示。

图 9-3

步骤 04 当前素材图片有些偏大，按Ctrl+Shift+Alt+H组合键快速适配合成高度，如图9-4所示。

图 9-4

步骤 05 执行"图层"→"新建"→"纯色"命令，打开"纯色设置"对话框，将图层命名为"小雨滴"，如图9-5所示。单击"确定"按钮即可创建纯色图层。

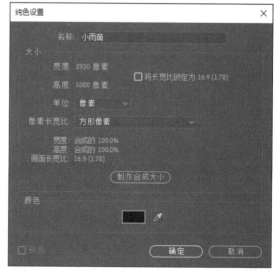

图 9-5

步骤 06 从"效果和预设"面板中选择"CC Particle World（CC仿真粒子世界）"效果添加到纯色图层上，"合成"面板效果如图9-6所示。

图 9-6

步骤 07 在"效果控件"面板展开"Particle（粒子）"卷展栏，设置"Particle Type（粒子类型）"为Faded Sphere，再设置"Opacity Map（不透明度映射）"参数中的颜色都为白色，如图9-7所示。

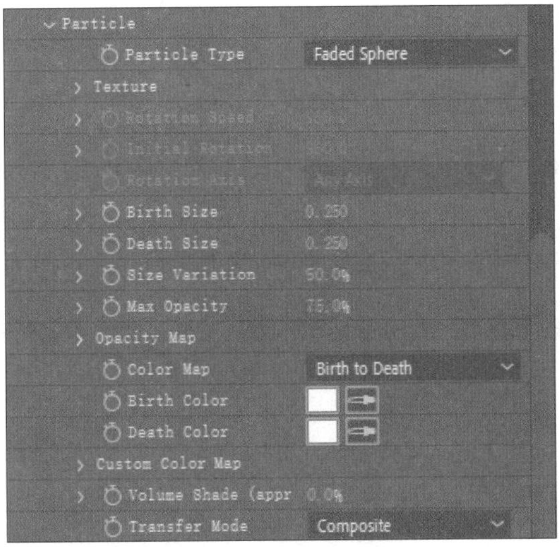

图 9-7

步骤 08 按空格键预览效果，可以看到当前粒子的喷射效果，如图9-8所示。

图 9-8

步骤 09 设置"Longevity（sec）"为3；展开"Producer"卷展栏，设置"Radius X"和"Radius Y"为2，如图9-9所示；再展开"Physics"卷展栏，设置"Animation"类型为"Twirl"，设置"Gravity"参数为0.030，设置"Extra"参数为0.8，如图9-10所示。

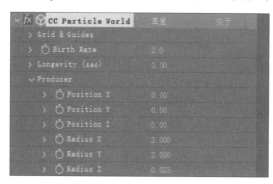

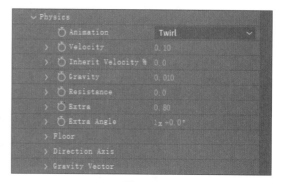

图 9-9   图 9-10

步骤 10 按空格键播放动画，观察效果如图9-11所示。

图 9-11

步骤 11 执行"图层"→"新建"→"纯色"命令，打开"纯色设置"对话框，将图层命名为"雨"，如图9-12所示。单击"确定"按钮即可创建纯色图层。

步骤 12 右击"雨滴"图层，在弹出的快捷菜单选择"预合成"命令，打开"预合成"对话框，输入新的合成名称，再选择"将所有属性移动到新合成"选项，如图9-13所示。

图 9-12   图 9-13

步骤 13 在"时间轴"面板双击合成图层，打开"合成 雨滴下落"面板，如图9-14所示。

图 9-14

步骤 14 选择"雨滴"图层，在工具栏单击"圆角矩形工具"，为图层创建蒙版，如图9-15所示。

步骤 15 单击"椭圆工具"，继续创建一个椭圆形的蒙版，调整位置，如图9-16所示。

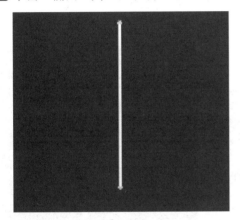

图 9-15

图 9-16

步骤 16 单击"选择工具"，接着单击蒙版，调整路径轮廓，如图9-17所示。

步骤 17 继续选择"矩形工具"，在该图层上创建第3个蒙版路径，再调整路径位置，如图9-18所示。

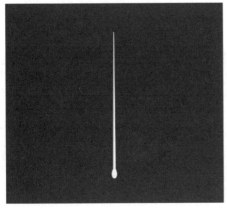

图 9-17

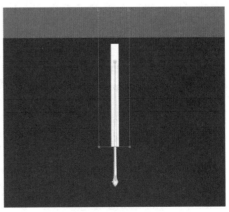

图 9-18

步骤 18 在"时间轴"面板设置"蒙版3"的混合模式为"相减"，再将其调整至其他两个蒙版之间，效果如图9-19和图9-20所示。

图 9-19

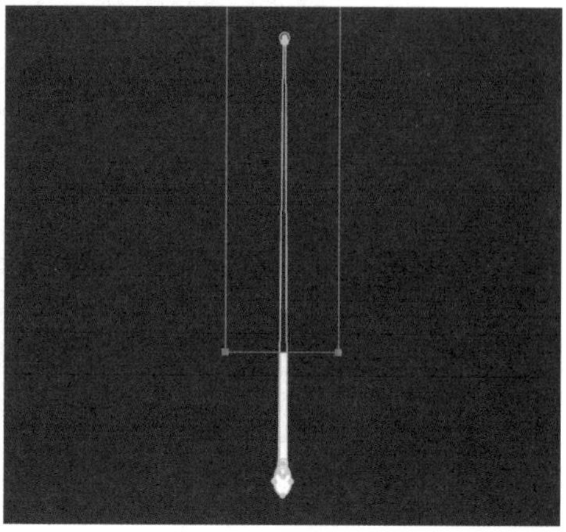

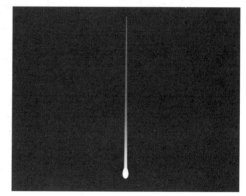

图 9-20

步骤 19 展开"蒙版3"属性列表，设置"蒙版羽化"参数为（280.0,280.0），设置后的雨滴图形效果如图9-21和图9-22所示。

图 9-21

图 9-22

步骤 20 为"雨滴"图层创建预合成，并命名为"雨滴"，选择"将所有属性移动到新合成"选项，如图9-23所示。

步骤 21 单击"时间轴"面板的"切换开关/模式"按钮，对"雨滴"预合成图层开启"折叠变换"，如图9-24所示。

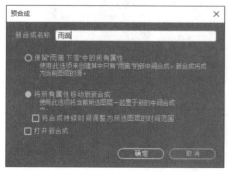

图 9-23

图 9-24

步骤 22 展开图层属性列表，选择"位置"属性，将时间线移动至起始点，添加关键帧，调整"位置"参数为（960.0,-600.0）；再将时间线移动至结束点，添加关键帧，再调整"位置"参数为（960.0,1800.0），如图9-25和图9-26所示。

图 9-25   图 9-26

步骤 23 按空格键可以预览到雨滴落下的动画效果。

步骤 24 再次创建"雨滴下落动画"预合成，开启"折叠变换"。按Ctrl+D组合键复制图层并调整素材位置，重复多次操作，如图9-27所示。

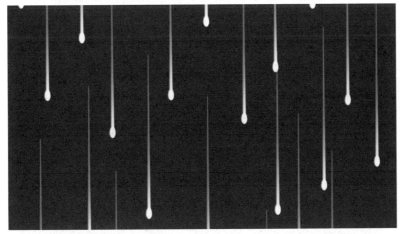

图 9-27

步骤 25 按空格键播放动画，效果如图9-28所示。

图 9-28

步骤 26 返回上一合成，全选图层，创建"雨滴下落动画"预合成。再为"雨滴下落"预合成添加"湍流置换"特效，效果如图9-29所示。

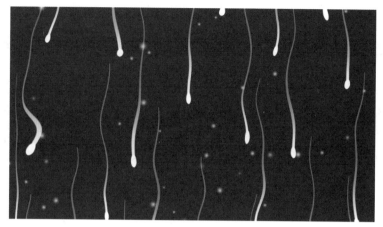

图 9-29

步骤 27 在"效果控件"面板中设置"数量"和"大小"参数，如图9-30所示。

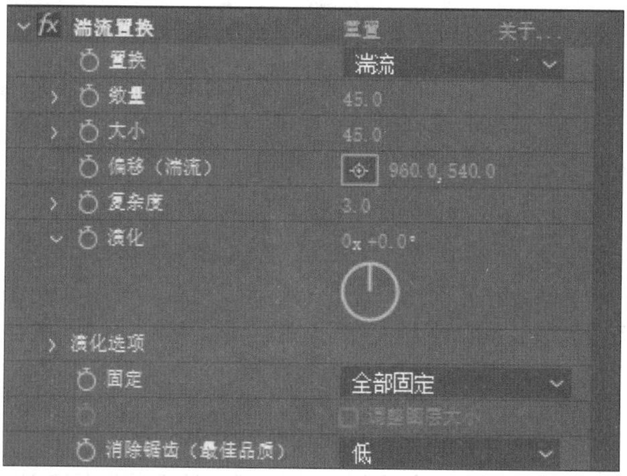

图 9-30

步骤 28 按空格键播放动画，设置后的效果如图9-31所示。

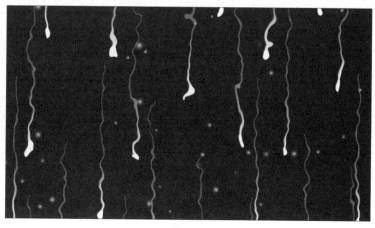

图 9-31

步骤 29 选择特效，按Ctrl+D组合键复制特效，再修改"湍流置换2"参数，设置"置换"类型为"扭转"，再调整"大小"参数，如图9-32所示。

图 9-32

步骤 30 按空格键播放动画，当前雨滴效果如图9-33所示。

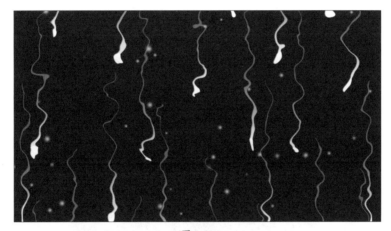

图 9-33

扫码观看视频

步骤 31 复制"湍流置换2"特效到"小雨滴"图层，并设置重新调整"数量"参数，如图9-34所示。

步骤 32 选择"快速方框模糊"特效添加给"雨滴下落"预合成，将参数面板调整至"效果预设"面板顶部，设置"模糊半径"参数为6，再勾选"重复边缘像素"复选框，如图9-35所示。

图 9-34

图 9-35

步骤33 设置后的效果如图9-36所示。

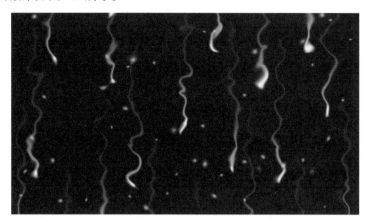

图 9-36

步骤34 执行"图层"→"新建"→"纯色"命令，打开"纯色设置"对话框，输入新的图层名称"雨滴背景"，再单击"制作合成大小"按钮，如图9-37所示。单击"确定"按钮完成纯色图层的创建。

图 9-37

步骤35 将新创建的纯色图层移动至"机场"素材图层上方，如图9-38所示。

步骤36 选择除"机场"素材图层外的所有图层，创建为"雨滴最终"预合成。复制"机场"素材图层，隐藏预合成和最底部的"机场"素材图层，将中间的素材图层创建为"雨滴玻璃背景"预合成，如图9-39所示。

图 9-38　　　　　　　　　　　　　　　　　　图 9-39

步骤37 选择"CC Glass"特效添加至"雨滴玻璃背景"预合成，设置"Bump Map（凹凸映射）"为"雨滴最终"图层，再设置其他参数，如图9-40所示。

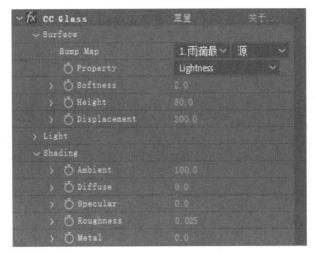

图 9-40

步骤38 设置后的雨滴效果如图9-41所示。

图 9-41

步骤39 进入"雨滴最终"合成面板，选择"雨滴下落动画"和"小雨滴"图层，按快捷键T打开"不透明度"属性，设置属性参数为20%，如图9-42所示。

图 9-42

步骤40 设置后的雨滴效果如图9-43所示。

图 9-43

步骤41 返回上一级合成，为"雨滴玻璃背景"预合成图层设置"亮度遮罩"，当前效果如图9-44所示。

图 9-44

步骤42 选择"色阶"特效添加到"雨滴最终"预合成图层，设置色阶参数，如图9-45所示。

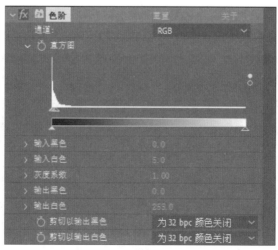

图 9-45

步骤 43 设置后的雨滴效果如图9-46所示。

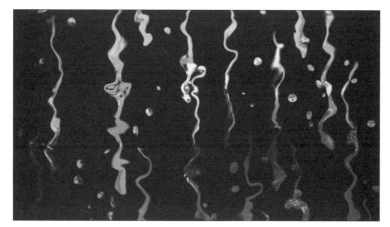

图 9-46

步骤 44 取消隐藏"机场"素材图层，效果如图9-47所示。

图 9-47

步骤 45 将"雨滴最终"和"雨滴玻璃背景"图层再次创建成预合成图层，命名为"雨"，如图9-48所示。

图 9-48

步骤 46 选择"摄像机镜头模糊"效果添加给"雨"预合成图层,设置"模糊半径"参数为3,如图9-49所示。再为"机场"素材图层添加"摄像机镜头模糊"效果,设置"模糊半径"参数为35,如图9-50所示。

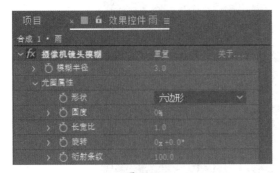

图 9-49   图 9-50

步骤 47 按空格键播放动画,最终效果如图9-51所示。

图 9-51

步骤 48 保存项目,完成本案例的操作。

边用边学

9.1 粒子运动场

"粒子运动场"是基于After Efftecs CC的一个很重要的特效，可以用来生成大量相似物体独立运动的动画效果。

■9.1.1 认识"粒子运动场"特效

"粒子运动场"效果在影视制作过程中十分常见，多用于制作星星、下雪、下雨、爆炸和喷泉等效果。其选项面板包括"发射""网格""图层爆炸""粒子爆炸""图层映射""重力""排斥""墙""永久属性映射器""短暂属性映射器"。

（1）"发射"属性。

该属性用于设置粒子发射的相关属性，如图9-52所示。

- **位置**：设置粒子发射位置。
- **圆筒半径**：设置发射半径。
- **每秒粒子数**：设置每秒粒子发出的数量。
- **方向**：设置粒子发射的方向。
- **随机扩散方向**：设置粒子随机扩散的方向。
- **速率**：设置粒子发射速率。
- **随机扩散速率**：设置粒子随机扩散的速率。
- **颜色**：设置粒子颜色。
- **粒子半径**：设置粒子的半径大小。

（2）"网格"属性。

该属性用于设置网格的相关属性，如图9-53所示。

- **位置**：设置网格中心的坐标位置。
- **宽度**：设置网格的宽度。
- **高度**：设置网格的高度。
- **粒子交叉**：设置粒子水平方向的数量。
- **粒子下降**：设置粒子垂直方向的数量。
- **颜色**：设置原点或文本字符的颜色。
- **粒子半径**：设置粒子的半径大小。

图9-52　　　　　　　　　图9-53

（3）"图层爆炸"属性。

该属性用于设置爆炸图层相关属性，如图9-54所示。

● **引爆图层**：设置需要发生爆炸的图层。

● **新粒子的半径**：设置粒子的半径效果。

● **分散速度**：设置爆炸的分散速度。

（4）"粒子爆炸"属性。

该属性用于设置粒子的爆炸相关属性，如图9-55所示。

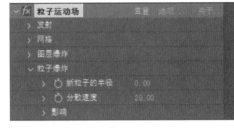

图 9-54 图 9-55

（5）"图层映射"属性。

该属性用于设置图层的映射效果，如图9-56所示。

● **使用图层**：设置映射的图层。

● **时间偏移类型**：设置时间的偏移类型。

● **时间偏移**：设置时间偏移程度。

● **影响**：设置粒子的相关影响。

（6）"重力"属性。

该属性用于设置粒子的重力效果，如图9-57所示。

● **力**：设置粒子下降的重力大小。

● **随机扩散力**：设置粒子向下降落的随机速率。

● **方向**：默认180°，重力向下。

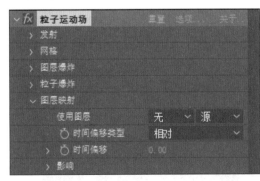
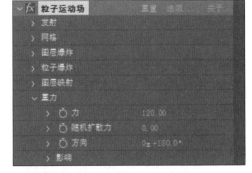

图 9-56 图 9-57

（7）"排斥"属性。

该属性用于设置粒子的排斥效果，如图9-58所示。

● **力**：设置排斥力的大小。

- **力半径**：设置粒子受到排斥的半径范围。
- **排斥物**：设置哪些粒子作为一个粒子子集的排斥源。

（8）"墙"属性。

该属性用于设置墙的边界和影响，如图9-59所示。

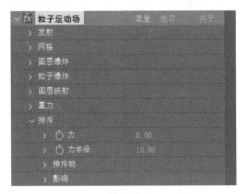
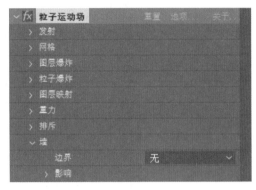

图 9-58　　　　　　　　　　图 9-59

（9）"永久/短暂属性映射器"属性。

这两个属性用于设置永久/短暂的图层属性映射器，包括颜色映射和影响，如图9-60和图9-61所示。

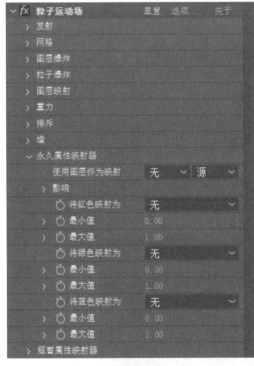
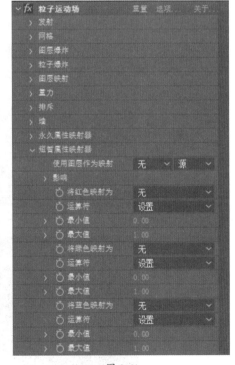

图 9-60　　　　　　　　　　图 9-61

■9.1.2 "粒子运动场"特效的应用

创建纯色图层，执行"效果"→"模拟"→"粒子运动场"命令，在"效果控件"面板中设置相应的"粒子运动场"特效参数，如图9-62所示。

图 9-62

如果结合其他特效，则可以制作出独特的粒子效果，如图9-63和图9-64所示。

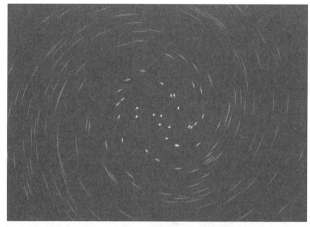

图 9-63

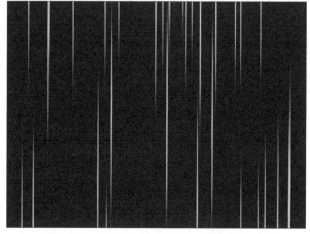

图 9-64

9.2　碎片

"碎片"特效可以生成图像爆炸成碎片的效果，多用于模拟真实的爆炸场面，还可以模拟叶子下落的动画。

■9.2.1　认识"碎片"特效

使用"碎片"特效的控件可以设置爆炸点、爆炸强度和半径等，半径内的部分会产生碎裂效果，半径外的部分保持不变。选择图层，执行"效果"→"模拟"→"碎片"命令，打开"效果控件"面板，在该面板中用户可以设置相关参数，如图9-65所示。

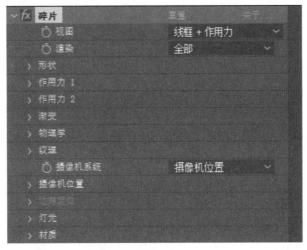

图 9-65

- **视图**：设置爆炸效果的显示方式。
- **渲染**：设置显示的目标对象，包括全部、图层和碎片。
- **形状**：设置碎片的形状及外观。
- **作用力 1/作用力 2**：设置碎片间的焦点。
- **渐变**：设置碎片的变化程度。
- **物理学**：设置碎片的物理属性。
- **纹理**：设置碎片呈现的材质。
- **摄像机系统**：用于设置爆炸特效的摄像机系统。
- **摄像机位置**：设置摄像机的角度、位置、焦距等。
- **边角定位**：当选择Corner Pins作为摄像机系统时，可激活相关属性。
- **灯光**：设置摄像机的照明。
- **材质**：设置摄像机光的反射强度。

■9.2.2　"碎片"特效的应用

选择图层，执行"效果"→"模拟"→"碎片"命令，在"效果控件"面板中设置相应的"碎片"特效参数，图9-66和图9-67为不同图案类型的破碎效果。

图 9-66

图 9-67

9.3　CC Particle World

"CC Particle World（CC粒子世界）"特效可以生成三维粒子运动，是CC插件中比较常用的一款粒子插件。本节将为读者详细讲解该特效的相关参数和应用。

■9.3.1　认识"CC Particle World"特效

"CC Particle World（CC粒子世界）"特效用于制作火花、气泡和星光等效果，其主要特点是制作方便、快捷、参数简单明了。该特效的参数面板如图9-68和图9-69所示。

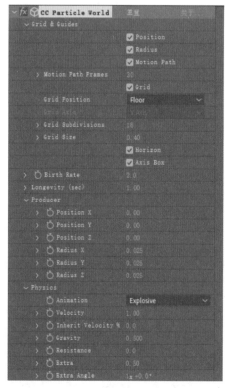

图 9-68

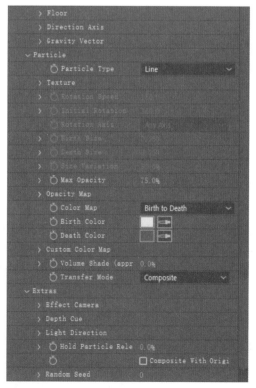

图 9-69

- **Grid&Guides（网格&指导）**：用于设置网格的显示与大小参数。
- **Birth Rate（出生率）**：用于设置粒子的出生率。
- **Longevity(sec)（寿命）**：用于设置粒子的存活寿命。
- **Producer（生产者）**：用于设置生产粒子的位置和半径相关属性。
- **Position（位置）**：用于设置生产粒子的位置。
- **Radius x（x轴半径）**：用于设置x轴半径大小。
- **Radius y（y轴半径）**：用于设置y轴半径大小。
- **Physics（物理）**：用于设置粒子的物理相关属性。
- **Animation（动画）**：用于设置粒子的动画类型。
- **Velocity（速率）**：用于设置粒子的速率。
- **Inherit Velocity%（继承速率）**：用于设置粒子的继承速率。
- **Gravity（重力）**：用于设置粒子的重力效果。
- **Resistance（阻力）**：用于设置阻力大小。
- **Extra（附加）**：用于设置粒子的附加程度。
- **Extra Angle（附加角度）**：用于设置粒子的附加角度。
- **Floor（地面）**：用于设置地面相关属性。
- **Floor Position（地面位置）**：用于设置产生粒子的地面位置。
- **Direction Axis（方向轴）**：用于设置x/y/z三个轴向参数。
- **Gravity Vector（引力向量）**：用于设置x/y/z三个轴向的引力向量程度。
- **Particle（粒子）**：用于设置粒子的相关属性。
- **Particle Type（粒子类型）**：用于设置粒子的类型，下拉列表中提供了22种类型可供选择。
- **Texture（纹理）**：用于设置粒子的纹理效果。
- **Birth Size（出生大小）**：用于设置粒子的出生大小。
- **Death Size（死亡大小）**：用于设置粒子的死亡大小。
- **Size Variation（大小变化）**：用于设置粒子的大小变化。
- **Opacity Map（不透明度映射）**：用于设置不透明度效果，包括淡入、淡出等。
- **Max Opacity（最大透明度）**：用于设置粒子的最大透明度。
- **Color Map（颜色映射）**：用于设置粒子的颜色映射效果。
- **Death Color（死亡颜色）**：用于设置死亡颜色。
- **Custom Color Map（自定义颜色映射）**：进行自定义颜色映射。
- **Transfer Mode（传输模式）**：用于设置粒子的传输混合模式。
- **Extras（附加功能）**：用于设置粒子的相关附加功能。
- **Extra Camera（效果镜头）**：用于设置粒子效果的附加程度镜头效果。

■9.3.2　"CC Particle World"特效的应用

选择图层，执行"效果"→"模拟"→"CC Particle World"命令，在"效果控件"面板中设置相应的"CC Particle World"特效参数，图9-70和图9-71为利用"CC Particle World"特效制作的下雪效果。

图 9-70   图 9-71

9.4 其他"模拟"特效

"模拟"特效组中还有一些其他的滤镜特效，也是在后期效果制作中会用到的，如"泡沫""CC Drizzle（CC细雨）""CC Hair（CC毛发）""CC Rainfall（CC下雨）"。

■9.4.1 泡沫

"泡沫"特效可以模拟各种类型的气泡、水珠效果。选择图层，执行"效果"→"模拟"→"泡沫"命令，打开"效果控件"面板，在该面板中用户可以设置相关参数，如图9-72所示。

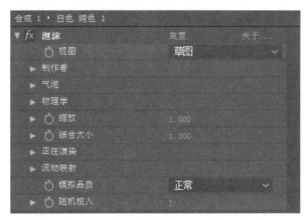

图 9-72

- **视图**：设置效果的显示方式。
- **制作者**：设置气泡粒子的产生点、大小、方向、速率等属性值。
- **气泡**：设置气泡粒子的大小、寿命以及强度。
- **物理学**：设置影响粒子运动因素的数值。
- **缩放**：设置气泡整体缩放数值。
- **综合大小**：设置气泡整体区域大小。
- **正在渲染**：设置渲染属性。

- **流动映射**：设置一个层影响粒子效果。
- **模拟品质**：设置气泡的真实性，包括正常、高和强烈3种类型。
- **随机植入**：设置气泡的随机植入数。

添加效果并设置参数，不同的气泡纹理效果如图9-73和图9-74所示。

图 9-73

图 9-74

■9.4.2　CC Drizzle（CC细雨）

"CC Drizzle（CC细雨）"特效可以模拟雨滴滴落的涟漪效果。选择图层，执行"效果"→"模拟"→"CC Drizzle"命令，打开"效果控件"面板，在该面板中用户可以设置相关参数，如图9-75所示。

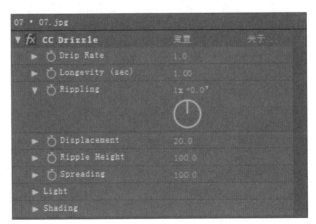

图 9-75

- **Drip Rate（雨滴速率）**：设置雨滴滴落的速度。
- **Longevity(sec)[寿命（秒）]**：设置涟漪存在时间。
- **Rippling（涟漪）**：设置涟漪扩散角度。
- **Displacement（置换）**：设置涟漪位移程度。
- **Ripple Height（波高）**：设置涟漪扩散的高度。
- **Spreading（传播）**：设置涟漪扩散的范围。

添加效果并设置参数，效果对比如图9-76和图9-77所示。

图 9-76   图 9-77

■9.4.3　CC Hair（CC毛发）

"CC Hair"特效可以根据图像画面内容制作毛绒效果，也可以制作出草坪效果。选择图层，执行"效果"→"模拟"→"CC Hair"命令，打开"效果控件"面板，在该面板中用户可以设置相关参数，如图9-78所示。

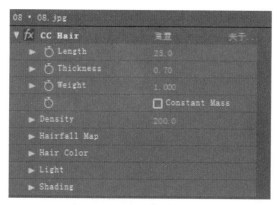

图 9-78

- **Length（长度）**：设置毛发长度。
- **Thickness（厚度）**：设置毛发厚度。
- **Weight（重力）**：设置毛发重量。
- **Constant Mass（恒定质量）**：启用该选项，将会按照图像的内容设置毛发的聚集状态。
- **Density（密度）**：设置毛发的密度。
- **Hairfall Map（毛发贴图）**：设置毛发贴图的强度、来源、软化程度、杂色程度等。
- **Hair Color（毛发颜色）**：设置毛发颜色。
- **Light（光线）**：设置光照亮度。
- **Shading（阴影）**：设置阴影的参数。

添加效果并设置参数，效果对比如图9-79和图9-80所示。

图 9-79

图 9-80

■9.4.4 CC Rainfall（CC下雨）

"CC Rainfall"特效可以模拟有折射和运动的降雨效果。选择图层，执行"效果"→"模拟"→"CC Rainfall"命令，打开"效果控件"面板，在该面板中用户可以设置相关参数，如图9-81所示。

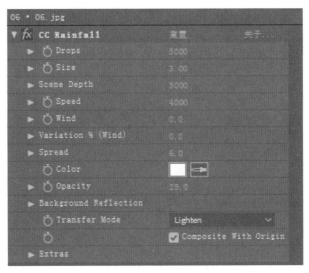

图 9-81

- **Drops（数量）**：设置下雨的雨量。数值越小，雨量越小。
- **Size（大小）**：设置雨滴的尺寸。
- **Scene Depth（场景深度）**：设置远近效果。景深越深，效果越远。
- **Speed（速度）**：设置雨滴移动的速度。数值越大，雨滴移动越快。
- **Wind（风力）**：设置风速，会对雨滴产生一定的影响。
- **Variations %（wind）[变量%（风）]**：设置风场的影响度。
- **Spread（伸展）**：雨滴的扩散程度。

● Color（**颜色**）：设置雨滴的颜色。

● Opacity（**不透明度**）：设置雨滴的透明度。

添加效果并设置参数，效果对比如图9-82和图9-83所示。

图 9-82

图 9-83

经验之谈

经验一：巧用Particular插件

Particular插件是一种三维的粒子制作系统，能够制作出多种自然效果，如火、云、烟雾、烟花等，是一款强大的制作粒子效果的插件。

Particular插件安装完成后，启动After Effects CC 2019，在"效果和预设"面板中的"Trapcode"效果组中可以找到该特效，如图9-84所示。将特效添加给图层，即可在"效果控件"面板中设置相关参数，主要包括"发射器""粒子""阴影""物理学""辅助系统""整体变换""可见度""渲染"等，如图9-85所示。

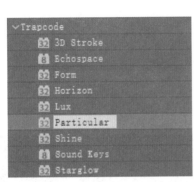

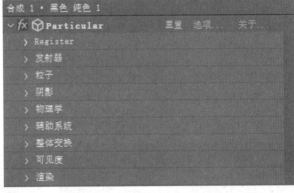

图 9-84

图 9-85

设置参数可以获得不同的粒子效果，如图9-86和图9-87所示。

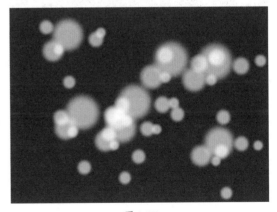

图 9-86

图 9-87

经验二：熟悉Form插件

Form插件是TrapCode公司提供的一款制作粒子效果的插件。使用Form插件可以快速制作出各种粒子效果。安装完成后，启动After Effects CC即可在"效果和预设"面板中的

Adobe After Effects CC影视后期设计与制作

"Trapcode"效果组下找到该特效，如图9-88所示。将特效添加给图层后，在"效果控件"面板中会看到该特效的参数面板，如图9-89所示。

图 9-88

图 9-89

设置参数可以获得不同的粒子效果，如图9-90和图9-91所示。

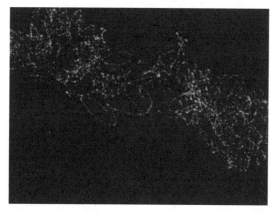

图 9-90

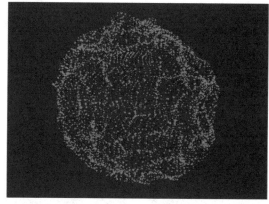

图 9-91

上手实操

为了能够更好地掌握本章所学的知识内容，下面安排了两个实操习题，让用户动起手来练一练，以达到温故知新的目的。

实操一：制作数字粒子流效果

利用"粒子运动场""残影"等效果，结合纯色图层制作出数字粒子流效果，如图9-92所示。

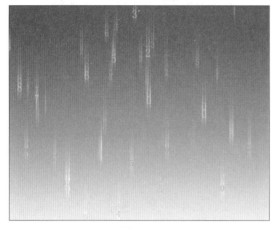

图 9-92

步骤 01 创建纯色图层，添加"粒子运动场"特效，设置发射文字，再设置"发射"参数。

步骤 02 复制图层，修改"粒子运动场"的参数。

步骤 03 为两个图层创建合成，再添加"残影"效果，设置参数，制作出数字运动轨迹效果。

步骤 04 利用"梯度渐变"特效制作背景。

实操二：制作文字破碎效果

利用"碎片""发光"等效果，结合图像素材图层制作出文字破碎的效果，如图9-93所示。

图 9-93

步骤 01 新建合成。导入碎片素材图像，再创建文字图层。

步骤 02 为素材图层设置"亮度遮罩"，再将两个图层创建预合成。

步骤 03 为预合成图层添加"碎片"效果，设置"自定义图案""重复""随机性""粘度""重力"等参数。

步骤 04 为"作用力 1"的"位置"属性添加关键帧，设置从开始到结束的作用力位置。

步骤 05 为预合成图层添加"发光"效果，设置"发光半径"和"强度"等参数，使文字破碎效果更加绚丽。

第10章
视觉光线特效

内容概要

　　影视作品片头中经常可以看到各种特效，比如闪耀着光芒的文字、流动的光线等。在After Effects CC中，用户可以通过光效滤镜和其他效果的结合应用制作出各种绚烂多彩的光线特效，为画面添加美感，甚至创造出无与伦比的奇幻效果。光效在烘托镜头气氛、丰富画面细节等方面起着非常重要的作用。本章将介绍在后期制作过程中较为常用的几种光效滤镜。

知识要点

- 了解光效的概念。
- 掌握几种常用内置光效的应用。
- 熟悉Starlow插件和Shine插件的应用。

数字资源

【本章案例素材来源】："素材文件\第10章"目录下

【本章案例最终文件】："素材文件\第10章\案例精讲\制作音频律动光效.aep"

案例精讲 制作音频律动光效

本案例将利用蒙版、"音频频谱"特效、"四色渐变"特效、"CC Light Burst 2.5"特效等知识制作一个随着音频律动的发光效果。下面介绍具体的操作步骤。

扫码观看视频

步骤 01 新建项目。导入背景素材和音频素材，基于背景素材创建合成，如图10-1和图10-2所示。

图 10-1   图 10-2

步骤 02 新建纯色图层，并将其置于图层顶部，如图10-3所示。

图 10-3

步骤 03 选择"椭圆工具"，按住Ctrl+Shift组合键在"合成"面板居中绘制一个正圆蒙版，如图10-4所示。

图 10-4

步骤 04 展开图层属性列表，设置蒙版混合方式为"无"，如图10-5所示。

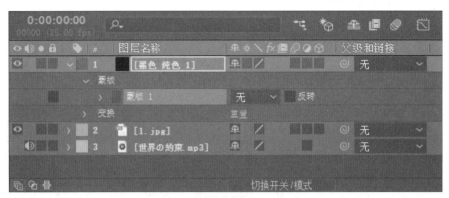

图 10-5

步骤 05 设置后蒙版就仅剩路径，如图10-6所示。

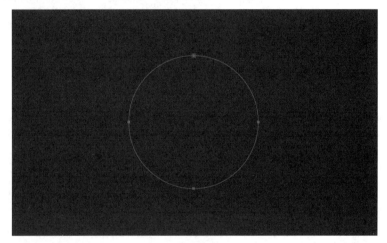

图 10-6

步骤 06 从"效果和预设"面板选择"音频频谱"特效添加到纯色图层，频谱效果如图10-7所示。

图 10-7

步骤 **07** 选择"音频层"和"路径",设置"结束频率""频段""最大高度""厚度""颜色"等参数,如图10-8所示。

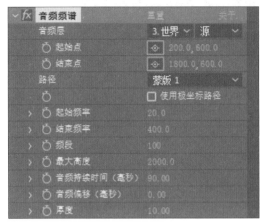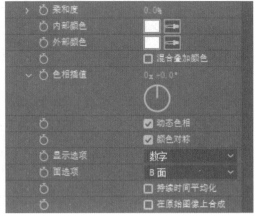

图 10-8

步骤 **08** 按空格键预览动画,设置后的频谱效果如图10-9所示。

图 10-9

步骤 **09** 为纯色图层再添加"四色渐变"特效,合成效果如图10-10所示。

图 10-10

步骤 10 调整4个颜色的点位置，其余参数保持不变，调整后的频谱效果如图10-11所示。

图 10-11

步骤 11 选择纯色图层，按Ctrl+D组合键复制图层，将其重命名为"发光频谱"，如图10-12所示。

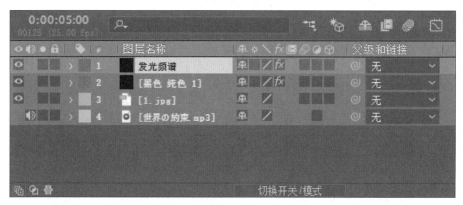

图 10-12

步骤 12 选择"发光频谱"图层，再单击"选择工具"，双击蒙版路径，按住Shift键等比例缩放路径，如图10-13所示。

图 10-13

步骤 13 选择"CC Light Burst 2.5"效果添加给"发光频谱"图层，在"效果控件"面板中设置"Intensity"参数，如图10-14所示。

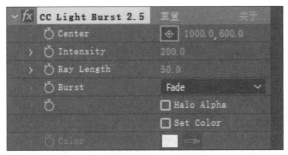

图 10-14

步骤 14 按空格键预览动画，设置后的频谱效果如图10-15所示。

图 10-15

步骤 15 保存项目，至此完成本案例的操作。

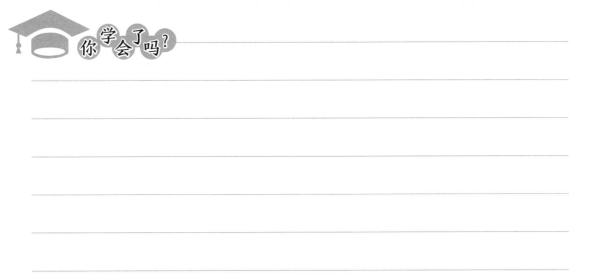

边用边学

10.1 认识光效

影视特效后期包装如今已经成为美化影视作品一个不可或缺的重要手段，光效的制作和表现是影视后期合成中永恒的主题，在各种影视特效后期包装中都能看到光效的应用。

各种流光闪烁的光线特效，能够在较短的时间内给人以强烈的视觉冲击力，令人印象深刻，在烘托镜头气氛、丰富画面细节等方面都起着非常重要的作用，如图10-16和图10-17所示。

图 10-16

图 10-17

10.2 内置光效

After Effects CC自身携带了几种较为常用的光效滤镜，如"镜头光晕""发光""CC Light Burst 2.5（光线缩放2.5）""CC Light Rays（CC光束）""CC Light Sweep（CC光线扫描）""CC Star Burst"等。

■ 10.2.1 镜头光晕

"镜头光晕"滤镜特效可以合成镜头光晕的效果，常用于制作日光光晕。选择图层，执行"效果"→"生成"→"镜头光晕"命令，打开"效果控件"面板，在该面板中用户可以设置相关参数，如图10-18所示。

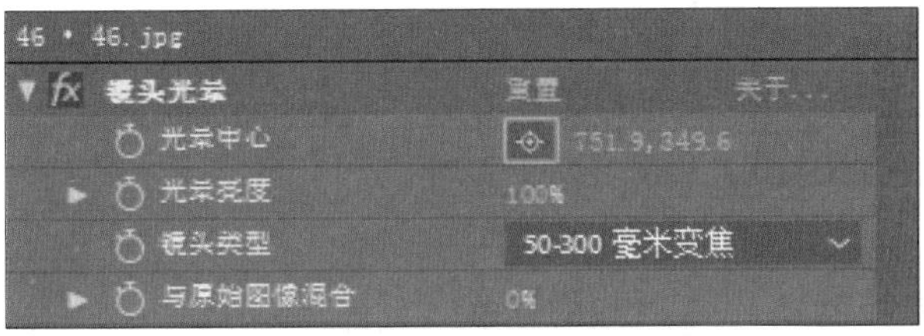

图 10-18

- **光晕中心**：设置光晕中心点的位置。
- **光晕亮度**：设置光源的亮度。
- **镜头类型**：设置镜头光源类型，有50-300毫米变焦、35毫米定焦、105毫米定焦3种可供选择。
- **与原始图像混合**：设置当前效果与原始图层的混合程度。

添加效果并设置参数，效果对比如图10-19和图10-20所示。

图 10-19

图 10-20

■ 10.2.2　CC Light Burst 2.5（CC光线缩放2.5）

"CC Light Burst 2.5（CC光线缩放2.5）"效果可以使图像局部产生强烈的光线放射效果，类似于径向模糊。该效果可以应用在文字图层上，也可以应用在图片或视频图层上。

选择图层，执行"效果"→"生成"→"CC Light Burst 2.5"命令，在"效果控件"面板可以设置相应参数，如图10-21所示。

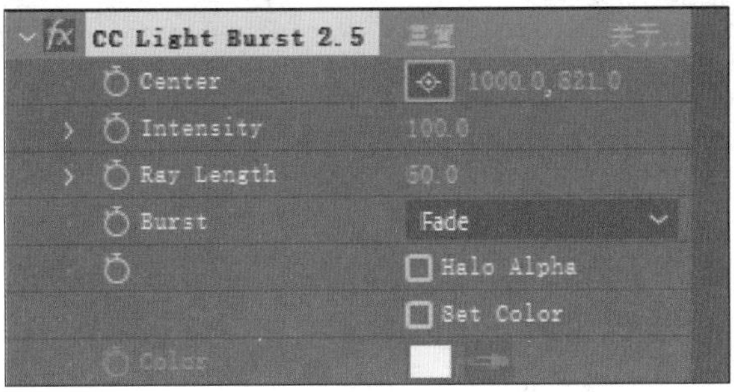

图 10-21

- **Center（中心）**：设置爆裂中心点的位置。
- **Intensity（亮度）**：设置光线的亮度。
- **Ray Length（光线强度）**：设置光线的强度。
- **Burst（爆裂）**：设置爆裂的方式，包括"Straight""Fade"和"Center"3种。
- **Set Color（设置颜色）**：设置光线的颜色。

完成上述操作后，即可看到应用效果对比，如图10-22和图10-23所示。

图 10-22

图 10-23

■10.2.3 CC Light Rays（CC射线光）

"CC Light Rays（CC射线光）"效果是影视后期特效制作中比较常用的光线特效，可以利用图像上不同颜色产生不同的放射光，而且具有变形效果。选择图层，执行"效果"→"生成"→"CC Light Rays"命令，在"效果控件"面板可以设置相应参数，如图10-24所示。

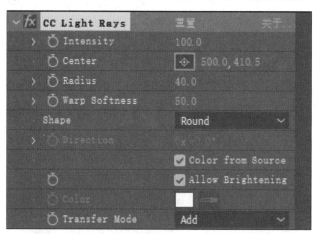

图 10-24

- **Intensity（强度）**：用于调整射线光强度的选项，数值越大，光线越强。
- **Center（中心）**：设置放射的中心点位置。
- **Radius（半径）**：设置射线光的半径。
- **Warp Softness（柔化光芒）**：设置射线光的柔化程度。

● **Shape（形状）**：用于调整射线光光源发光形状，包括"Round（圆形）"和"Square（方形）"两种形状。

● **Direction（方向）**：用于调整射线光照射方向。

● **Color from Source（颜色来源）**：勾选该复选框，光芒会呈放射状。

● **Allow Brightening（中心变亮）**：勾选该复选框，光芒的中心变亮。

● **Color（颜色）**：用来调整射线光的发光颜色。

● **Transfer Mode（转换模式）**：设置射线光与源图像的叠加模式。

重复添加"CC Light Rays（CC射线光）"特效，设置不同的参数，可以制作出不同的光点效果，如图10-25和图10-26所示。

图 10-25

图 10-26

10.2.4 CC Light Sweep（CC光线扫描）

"CC Light Sweep（CC光线扫描）"特效可以在图像上制作出光线扫描的效果，该效果既可以应用在文字图层上，也可以应用在图片或视频素材上。各项属性参数如图10-27所示。

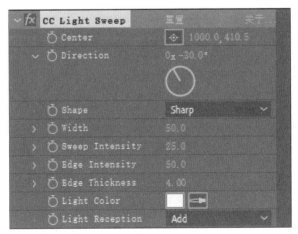

图 10-27

● **Center（中心）**：设置扫光的中心点位置。

● **Direction（方向）**：设置扫光的投射方向。

- **Shape（形状）**：设置扫光线的形状，包括"Linear（线性）""Smooth（光滑）""Sharp（锐利）"3种形状。

- **Width（宽度）**：设置扫光的宽度。

- **Sweep Intensity（扫光亮度）**：调节扫光的亮度。

- **Edge Intensity（边缘亮度）**：调节光线与图像边缘相接触时的明暗程度。

- **Edge Thickness（边缘厚度）**：调节光线与图像边缘相接触时的光线厚度。

- **Light Color（光线颜色）**：设置产生光线颜色。

- **Light Reception（光线接收）**：用来设置光线与源图像的叠加方式，包括"Add（叠加）""Composite（合成）"和"Cutout（切除）"。

设置不同的参数，或是重叠特效，可以得到不同的光线效果，如图10-28和图10-29所示。

图 10-28

图 10-29

经验之谈

经验一：Starglow插件的应用

Starglow插件是TrapCode公司提供的一款制作光效的插件，可以为视频中的高光增加星光特效。插件安装完成后，启动After Effects CC，并在"效果和预设"面板的"Trapcode"效果组下找到该特效，其参数面板如图10-30所示。

星光的类型多种多样，每种都能被单独地赋予颜色贴图和调整强度，使星光效果更加有质感，也更符合自然规律，如图10-31所示。

图 10-30

<table>
<tr><td>当前设置</td><td>V形棱镜</td></tr>
<tr><td>红色</td><td>HV形棱镜</td></tr>
<tr><td>绿色</td><td>HVD形棱镜</td></tr>
<tr><td>蓝色</td><td>棱形棱镜</td></tr>
<tr><td>白色星形</td><td>暖色星光</td></tr>
<tr><td>白色星形 2</td><td>暖色星光 2</td></tr>
<tr><td>白色十字形</td><td>暖色天空</td></tr>
<tr><td>白色X形</td><td>暖色天空 2</td></tr>
<tr><td>白色H形</td><td>冷色天空</td></tr>
<tr><td>白色V形</td><td>冷色天空 2</td></tr>
<tr><td>白色棱形</td><td>浪漫</td></tr>
<tr><td>白色Y形</td><td>圣诞之星</td></tr>
<tr><td>星形棱镜</td><td>意大利面</td></tr>
<tr><td>倾斜棱镜</td><td>绿色星形</td></tr>
<tr><td>H形棱镜</td><td>瞄准镜</td></tr>
</table>

图 10-31

为文字添加该特效后的效果如图10-32和图10-33所示。

图 10-32

图 10-33

经验二：Shine插件的应用

Shine插件是Trapcode公司提供的一款制作光效的插件，可以快速模拟三维体积光，轻松实现二维光效，在后期制作中非常实用。安装完成后，启动After Effects CC即可在"效果和预设"面板的"Trapcode"效果组下找到该特效，参数面板如图10-34所示。

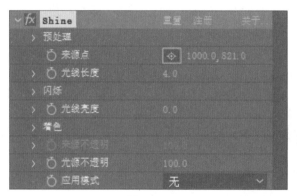

图 10-34

为创建好的文字添加Shine特效，其效果如图10-35和图10-36所示。

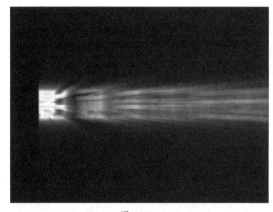

图 10-35

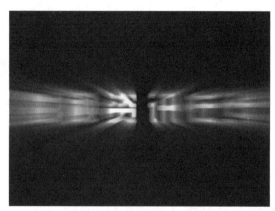

图 10-36

上手实操

为了能够更好地掌握本章所学的知识内容，下面安排了两个实操习题，让用户动起手来练一练，以达到温故知新的目的。

实操一：制作绚丽光束效果

利用分形杂色、贝塞尔曲线变形、色相/饱和度以及发光等效果，结合纯色图层制作出绚丽的光束流动效果，如图10-37所示。

图 10-37

步骤 01 创建纯色图层，调整大小。添加"分形杂色"滤镜特效，设置"对比度""亮度""溢出"方式，为"演化"参数添加关键帧，制作出流动的效果。

步骤 02 添加"贝塞尔曲线变形"特效，调整形状。

步骤 03 添加"色相/饱和度"特效，为光束着色。

步骤 04 添加"发光"效果，设置"发光阈值"和"发光半径"参数。

实操二：制作火海燃烧效果

利用分形杂色和Shine特效制作出火海燃烧的效果，如图10-38所示。

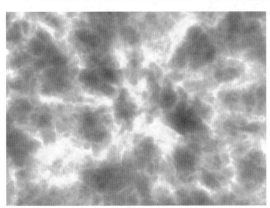

图 10-38

步骤 01 新建黑色的纯色图层。

步骤 02 为图层添加"分形杂色"特效，设置"分型类型""杂色类型"等参数，再为"演化"参数设置关键帧，制作出动态效果。

步骤 03 为图层添加Shine特效，设置"应用模式"，使动态效果着色并发出光芒。

第**11**章
抠像与跟踪

内容概要

　　在影视广告中，利用抠像技术可以十分方便地将在蓝屏或绿屏前拍摄的影像与其他影像背景进行合成处理，制作出全新的视觉效果。利用跟踪技术可以获得层中某些效果点的运动信息，例如位置、旋转、缩放等，然后将其传送到另一层的效果点中，从而实现另一层的运动与该层追踪点运动一致。本章将为读者介绍抠像的概念、常用抠像特效、运动跟踪与运动稳定等知识的应用。

知识要点

- 了解抠像的概念。
- 掌握常用抠像特效的应用。
- 熟悉运动跟踪与运动稳定。
- 熟悉Keylight 1.2抠像特效的应用。

数字资源

【本章案例素材来源】："素材文件\第11章"目录下

【本章案例最终文件】："素材文件\第11章\案例精讲\制作车辆定位动画.aep"

案例精讲 制作车辆定位动画

下面利用本章所学知识为视频中运动的车辆添加定位标记，具体操作步骤介绍如下：

扫码观看视频

步骤 01 新建项目。执行"合成"→"新建合成"，打开"合成设置"对话框，选择预设类型HDTV 1080 29.97，时长为8秒，如图11-1所示。单击"确定"按钮创建合成。

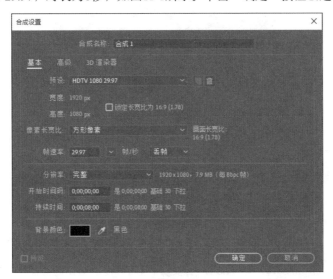

图 11-1

步骤 02 导入视频素材和定位图标素材，如图11-2所示。

图 11-2

步骤 03 选择视频图层，在"跟踪器"面板中单击"跟踪运动"按钮，此时在"图层"面板上显示出一个跟踪框，如图11-3所示。

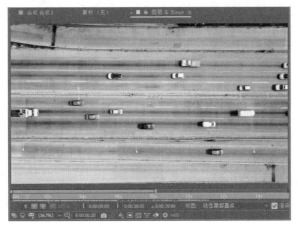

图 11-3

步骤 04 单击"编辑目标"按钮，打开"运动目标"对话框，选择将运动应用于"定位图标"图层，如图11-4所示。

图 11-4

步骤 05 单击"确定"按钮关闭对话框，接着再调整跟踪框和跟踪点位置，这里将跟踪器设置在一辆刚出现的货车上，如图11-5所示。

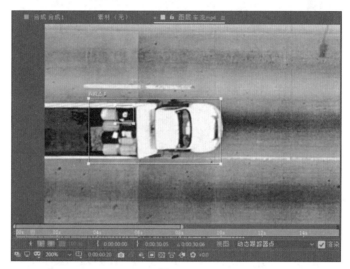

图 11-5

步骤 06 将时间线移动至0:00:00:25位置，在"跟踪器"面板中单击"向前分析"按钮，系统开始自动分析关键帧，直到时间线到达0:00:06:10，如图11-6所示。

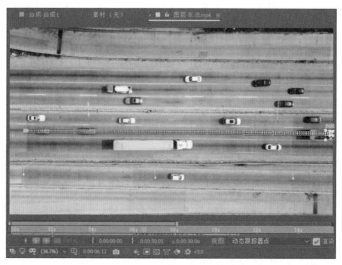

图 11-6

步骤 07 分析完毕后，单击"应用"按钮，系统会弹出"动态跟踪器应用选项"对话框，默认"应用维度"为"X和Y"，如图11-7所示。

图 11-7

步骤 08 单击"确定"按钮返回"合成"面板，按空格键播放视频，可以看到定位图标会随着车辆的移动而移动，如图11-8所示。

图 11-8

步骤 09 选择"定位图标"图层，打开属性列表，可以看到"位置"属性的关键帧从0:00:00:25开始，在该时间点为"缩放"属性添加一个关键帧，设置"缩放"参数为10%，如图11-9所示。

图 11-9

步骤 10 将时间线移动至0:00:00:20，为"位置"属性添加关键帧，设置位置参数为（87.6,565.0），再为"缩放"参数添加关键帧，设置参数为15%，如图11-10所示。

图 11-10

步骤 11 将时间线移动至0:00:00:15，为"缩放"参数添加关键帧，设置参数为0%，如图11-11所示。

图 11-11

步骤 12 将时间线移动至0:00:06:10，为"缩放"属性添加关键帧，参数保持不变，再将时间线移动至0:00:06:15，添加关键帧，设置"缩放"参数为0%，如图11-12和图11-13所示。

图 11-12

图 11-13

步骤 13 按空格键即可预览定位效果。保存项目，完成本案例的操作。

边用边学

11.1 了解抠像的概念

在影视作品中经常可以看到很多真实世界无法实现的震撼画面，如人物在半空中打斗、在空中飞行等，但其实演员始终都没有离开过摄影棚，这些都是通过影视后期制作合成出的效果，也就是运用了抠像技术，用其他背景画面替换了原来的纯色背景。

抠像，是指在后期处理中提取图片或视频画面中的指定的图像，并将提取的图像合成到一个新的场景中去，从而增加画面的生动性，专业术语称作为键控（Keying）。

选定所拍摄画面中的某一种颜色，将它从画面清除掉，使之成为透明区域，也就是形成Alpha透明通道，再和背景画面进行最终的叠加合成，这个过程就是抠像，如图11-14和图11-15所示。

> ❗ **提示**：蓝色和绿色被选定为抠像去色的主要原因是蓝色和绿色为三原色，绝对纯度比较高，不容易与其他颜色混淆，能够达到很好的抠像效果。

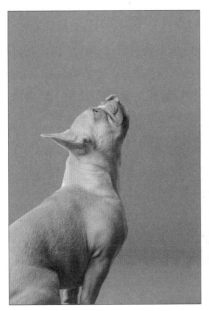

图 11-14

图 11-15

11.2 "抠像"特效组

"抠像"滤镜组包括"CC Simple Wire Removal（CC简单金属丝移除）""Keylight（1.2）""内部/外部键""差值遮罩""抠像清除器""提取""线性颜色键""颜色范围""颜色插值键""高级溢出抑制器"10个特效，如图11-16所示。本节将为读者详细讲解几个常用特效的相关参数和应用。

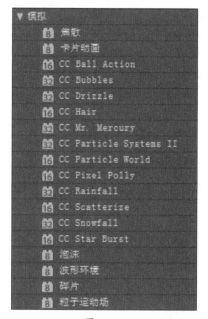

图 11-16

■ 11.2.1 CC Simple Wire Removal（CC 简单金属丝移除）

"CC Simple Wire Removal"特效可以简单地将线性形状进行模糊或替换，在影视后期制作中常用于去除威亚钢丝。选择图层，执行"效果"→"抠像"→"CC Simple Wire Removal"命令，打开"效果控件"面板，在该面板中用户可以设置相关参数，如图11-17所示。

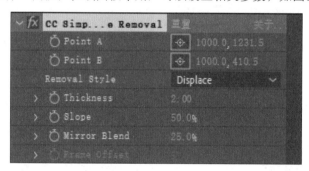

图 11-17

- **PointA、Point B**：设置金属丝移除的点A、点B。
- **Removal Style**：设置金属丝移除风格。
- **Thickness**：设置金属丝移除的密度。
- **Slope**：设置水平偏移程度。
- **Mirror Blend**：对图像进行镜像或混合处理。
- **Frame Offset**：设置帧偏移程度。

添加效果并设置参数，效果对比如图11-18和图11-19所示。

图 11-18

图 11-19

11.2.2 线性颜色键

"线性颜色键"特效可以使用RGB、色相或色度信息创建指定主色的透明度，抠除指定颜色的像素。选择图层，执行"效果"→"抠像"→"线性颜色键"命令，打开"效果控件"面板，在该面板中用户可以设置相关参数，如图11-20所示。

图 11-20

- **预览**：可以直接观察抠像选取效果。
- **视图**：设置"合成"面板中的观察效果。
- **主色**：设置抠像基本色。
- **匹配颜色**：设置匹配颜色空间。
- **匹配容差**：设置匹配容差范围。
- **匹配柔和度**：设置匹配的柔和程度。
- **主要操作**：设置主要操作方式为主色或者保持颜色。

添加效果并设置参数，效果对比如图11-21和图11-22所示。

图 11-21

图 11-22

■ 11.2.3 颜色范围

"颜色范围"特效通过键控指定的颜色范围产生透明效果，可以应用的色彩空间包括Lab、YUV和RGB，这种键控方式可以应用在背景包含多个颜色、背景亮度不均匀和包含相同颜色的阴影，这个新的透明区域就是最终的Alpha通道。选择图层，执行"效果"→"抠像"→"颜色范围"命令，在"效果控件"面板中可以设置相应参数，如图11-23所示。

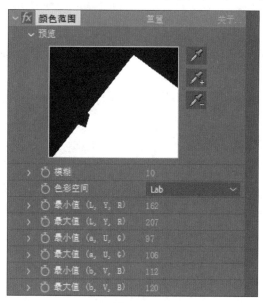

图 11-23

- **键控滴管**：该工具可以从蒙版缩略图中吸取监控色，用于在遮罩视图中选择开始键控颜色。
- **加滴管**：该工具可以增加监控色的颜色范围。
- **减滴管**：该工具可以减少监控色的颜色范围。
- **模糊**：对边界进行柔和模糊，用于调整边缘柔化度。
- **色彩空间**：设置键控颜色范围的颜色空间，有Lab、YUV和RGB 3种方式。

● **最小值/最大值**：对颜色范围的开始和结束颜色进行精细调整，精确调整颜色空间参数，（L，Y，R）、（a，U，G）和（b，V，B）代表颜色空间的3个分量。最小值调整颜色范围开始，最大值调整颜色范围结束。

完成上述操作后，即可观看对比效果，如图11-24和图11-25所示。

图 11-24

图 11-25

11.2.4 颜色差值键

"颜色差值键"特效可以通过使用吸管工具选择A、B两层的黑色（透明）与白色（不透明），从而完成最终抠像效果。选择图层，执行"效果"→"抠像"→"颜色差值键"命令，在"效果控件"面板中可以设置相应参数，如图11-26所示。

● **滴管**：分为键控滴管、黑滴管、白滴管。

● **色彩匹配精度**：指定用于抠像的颜色类型，绿色、红色和蓝色一般选择"更快"，其他颜色选择"更精确"。

● **部分黑/白**：可精确控制抠像精度。"黑"可以调节蒙版的透明度，"白"可以调节蒙版的不透明度。

完成上述操作后，即可看到应用效果对比，如图11-27和图11-28所示。

图 11-26

图 11-27

图 11-28

11.3 运动跟踪与运动稳定

运动跟踪和运动稳定在影视后期处理中应用相当广泛，多用来将画面中的一部分进行替换和跟踪、或是将晃动的视频变得平稳。本节将详细讲解运动跟踪和运动稳定的相关知识。

■11.3.1 运动跟踪

运动跟踪是根据对指定区域进行运动的跟踪分析，并自动创建关键帧，将跟踪结果应用到其他层或效果上，从而制作出动画效果。比如使燃烧的火焰跟随运动着的人物，为天空中的飞机吊上一个物体并随之飞行，为移动的镜框加上照片效果等。运动跟踪可以追踪运动过程比较复杂的路径，如加速和减速以及变化复杂的曲线等。

运动稳定是通过After Effects对前期拍摄的影片素材进行画面稳定处理，用于消除前期拍摄过程中出现的画面抖动问题，使画面变得稳定。

在对影片进行运动追踪时，合成图像中至少要有两个层，一个作为追踪层，一个作为被追踪层，二者缺一不可。

■11.3.2 创建跟踪与稳定

用户可以在"跟踪器"面板中进行运动跟踪和运动稳定的设置。选中一个图层，执行"动画"→"跟踪运动"命令，如图11-29所示，即可弹出的"跟踪器"面板，如图11-30所示。

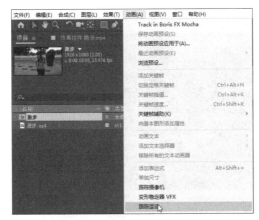
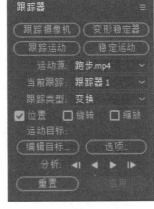

图 11-29   图 11-30

■ 11.3.3 跟踪器

在设置追踪路径的时候，合成窗口内会出现追踪器，由两个方框和一个交叉点组成。交叉点叫做追踪点，是运动追踪的中心；内层的方框叫做特征区域，可以精确追踪目标物体的特征，记录目标物体的亮度、色相和饱和度等信息，在后面的合成中匹配该信息而起到最终效果；外层的方框叫做搜索区域，其作用是追踪下一帧的区域，搜索区域的大小与追踪对象的运动速度有关，追踪对象运动越快，搜索区域就会适当放大。

跟踪方式包括一点跟踪和四点跟踪两种。

1. 一点跟踪

选择需要跟踪的图层，执行"动画"→"跟踪运动"命令，选择目标对象，在"合成"面板中调整跟踪点和跟踪框，如图11-31所示。

图 11-31

❶ 提示：跟踪分析需要较长的时间。搜索区域和特征区域越大，跟踪分析所花费的时间就会越长。

在"跟踪器"面板中单击"向前分析"按钮，系统会自动创建关键帧，如图11-32所示。

图 11-32

2. 四点跟踪

选择需要跟踪的图层，执行"动画"→"跟踪运动"命令，在弹出的"跟踪器"面板中单击"跟踪运动"按钮，并设置"跟踪类型"为"透视边角定位"，如图11-33所示。

在"合成"面板中调整4个跟踪点位置，如图11-34所示，完成上述操作，单击"分析前进"按钮即可预览跟踪效果。

图 11-33

图 11-34

> ❗ **提示**：视频中的对象移动时，常伴随灯光、周围环境以及对象角度的变化，有可能使原本明显的特征不可识别。即使是经过精心选择的特征区域，也常常会偏离，因此，重新调整特征区域和搜索区域、改变跟踪选项以及再次重试是创建跟踪的标准流程。

经验一：抠像素材注意事项

在进行抠像操作之前，应当先注意抠像素材的拍摄与选取，尽量做到规范，这样会为后期合成工作节省很多时间，并且能够获得更真实的画面。

- 对于抠像素材，前期的拍摄与准备工作非常重要，它们几乎决定了抠像的最终效果。亚洲人大多肤色偏黄，通常使用蓝色作为背景，这样抠像后皮肤会偏白一些，从而达到更好的效果；而欧洲人肤色较白，眼睛接近蓝色，因此在拍摄人物时通常使用绿色背景。
- 拍摄时的灯光照射方向应与最终合成的背景光线一致，这样最终的合成效果也会更为逼真。
- 拍摄时的角度应与合成时的背景视角一致。
- 尽量避免人物穿着与背景同色的服饰，影响后期抠像操作。

经验二：Keylight 1.2插件的应用

Keylight 1.2是一款工业级别的抠像插件，主要用于蓝屏、绿屏的抠像操作。该插件拥有与众不同的蓝或绿荧幕调制器，能够精确地控制残留在前景对象中的蓝幕或绿幕反光，并将其替换成新合成背景的环境光。

选择图层，为其添加Keylight 1.2效果，在"效果控件"面板中可以设置相应参数，如图11-35所示。

图 11-35

- **View**：设置预览方式。
- **Screen Colour（屏幕颜色）**：设置需要抠除的背景颜色。
- **Screen Balance（屏幕平衡）**：在抠像后设置合成的数值可提升抠像效果。
- **Despill Bias（色彩偏移）**：可去除溢色的偏移程度。
- **Alpha Bias（Alpha偏移）**：设置透明度偏移程度。
- **Lock Biases Together（锁定偏移）**：锁定偏移参数。
- **Screen Pre-blur（屏幕模糊）**：设置模糊程度。
- **Screen Matte（屏幕遮罩）**：设置屏幕遮罩的具体参数。
- **Inside Mask（内侧遮罩）**：设置参数，使其内侧与图像更好地融合。
- **Outside Mask（外侧遮罩）**：设置参数，使其外侧与图像更好地融合。

完成上述操作后，即可看到应用效果对比，如图11-36和图11-37所示。

图 11-36

图 11-37

上手实操

　　为了能够更好地掌握本章所学的知识内容，下面安排了两个实操习题，让用户动起手来练一练，以达到温故知新的目的。

实操一：制作人物面部替换效果

　　利用"运动跟踪"功能将运动的人物面部替换成小熊头像，如图11-38所示。

图 11-38

步骤01 新建合成，导入视频素材和小熊头像素材。调整视频素材和小熊头像大小。

步骤02 选择视频素材，执行"动画"→"跟踪运动"命令，添加跟踪器，选择编辑目标并调整跟踪器。

步骤03 单击"向前分析"按钮，分析路径。

步骤04 单击"应用"按钮，应用编辑目标。

实操二：制作简单的圣诞节动画

　　利用Particular效果、Keylight效果、"位置"属性以及"缩放"属性制作出简单的圣诞动画，如图11-39所示。

图 11-39

步骤01 导入素材文件。创建纯色图层，添加Particular效果，制作星光闪烁效果。

步骤02 复制纯色图层，修改Particular效果，制作出飘雪的效果。

步骤03 为圣诞老人素材添加Keylight效果进行抠像处理。

步骤04 为"位置"和"缩放"属性添加关键帧，制作出运动效果。

附录 Adobe After Effects CC常用快捷键汇总※

功能描述	快捷键
(1) 常规	
全选	Ctrl+A
全部取消选择	F2或Ctrl+Shift+A
重命名选中的图层、合成、文件夹、效果、组或蒙版	Enter
打开选中的图层、合成或素材项	数字小键盘上的 Enter
按堆积顺序向下（向后）或向上（向前）移动选中的图层、蒙版、效果或渲染项目	Ctrl+Alt+向下箭头↓ 或Ctrl+Alt+向上箭头↑
向堆积顺序的底层（向后）或者顶层（向前）移动选中的图层、蒙版、效果或者渲染项目	Ctrl+Alt+Shift+向下箭头或 Ctrl+Alt+Shift+向上箭头
将选择项扩展到"项目"面板、"渲染队列"面板或者"效果控件"面板中的下一个项目	Shift+向下箭头↓
将选择项扩展到"项目"面板、"渲染队列"面板或者"效果控件"面板中的上一个项目	Shift+向上箭头↑
复制选中的图层、蒙版、效果、文本选择器、动画制作工具、操控网格、形状、渲染项目、输出模块或者合成	Ctrl+D
退出	Ctrl+Q
撤销	Ctrl+Z
重做	Ctrl+Shift+Z
清理所有内存	Ctrl+Alt+/（在数字小键盘上）
中断运行脚本	Esc
在"信息"面板中显示与当前时间的帧所对应的文件名	Ctrl+Alt+E
(2) 项目	
新建项目	Ctrl+Alt+N
打开项目	Ctrl+O

功能描述	快捷键
在"项目"面板中新建文件夹	Ctrl+Alt+Shift+N
打开"项目设置"对话框	Ctrl+Alt+Shift+K
在"项目"面板中查找	Ctrl+F
(3) 首选项	
打开"首选项"对话框	Ctrl+Alt+;
恢复默认的首选项设置	启动After Effects时按住 Ctrl+Alt+Shift
(4) 激活工具	
循环切换工具	按住Alt键并单击"工具"面板中的工具按钮
激活"选择"工具	V
激活"抓手"工具	H
暂时激活"抓手"工具	按住空格键或鼠标中键
激活"放大"工具	Z
激活"缩小"工具	Alt（当"放大"工具处于活动状态时）
激活"旋转"工具	W
启动"Roto笔刷"工具	Alt+W
激活优化边缘工具	Alt+W
激活并且循环切换"摄像机"工具（统一摄像机、轨道摄像机、跟踪 XY 摄像机和跟踪 Z 摄像机）	C
激活"向后平移"工具	Y
激活并循环切换蒙版和形状工具（矩形、圆角矩形、椭圆、多边形、星形）	Q
激活并循环切换"文字"工具（横排和直排）	Ctrl+T
激活并循环切换"钢笔"和"蒙版羽化"工具（注意：可在"首选项"对话框中关闭此设置）	G

※ 此快捷键为软件默认的快捷按键，读者可以根据自身的使用习惯进行自定义设置。

功能描述	快捷键
当选中钢笔工具时暂时激活选择工具	Ctrl
当选中选择工具且指针置于某条路径上时暂时激活钢笔工具（当指针置于一个片段上时激活添加顶点工具；当指针置于顶点上时激活转换顶点工具）	Ctrl+Alt
激活并循环切换画笔、仿制图章和橡皮擦工具	Ctrl+B
激活并循环切换操控工具	Ctrl+P
暂时将选择工具转换为形状复制工具	Alt（在形状图层中）
暂时将选择工具转换为直接选择工具	Ctrl（在形状图层中）
（5）合成和工作区	
新建合成	Ctrl+N
为选中的合成打开"合成设置"对话框	Ctrl+K
将工作区的开始或结束设置为当前时间	B或N
将工作区设置为选中图层的持续时间，或者如果没有选中任何图层，则将工作区设置为合成的持续时间	Ctrl+Alt+B
激活与当前活动合成位于同一合成层次结构（嵌套合成网络）中的最近活动合成	Shift+Esc
将合成修剪到工作区	Ctrl+Shift+X
基于所选项新建合成	Alt+\
（6）时间导航	
转到特定时间	Alt+Shift+J
转到工作区的开始或结束	Shift+Home或Shift+End
转到时间标尺中的上一个或者下一个可见项目（关键帧、图层标记、工作区开始或者结束）	J或K
转到合成、图层或素材项的开始	Home或Ctrl+Alt+向左箭头
转到合成、图层或素材项的结束	End 或 Ctrl+Alt+向右箭头

功能描述	快捷键
前进1个帧	Page Down或Ctrl+向右箭头
前进10个帧	Shift+Page Down或Ctrl+Shift+向右箭头
后退1个帧	Page Up或Ctrl+向左箭头
后退10个帧	Shift+Page Up或Ctrl+Shift+向左箭头
转到图层入点	I
转到图层出点	O
转到上一个入点或出点	Ctrl+Alt+Shift+向左箭头
转到下一个入点或出点	Ctrl+Alt+Shift+向右箭头
滚动到"时间轴"面板中的当前时间	D
（7）预览	
开始或停止预览	空格键、数字小键盘上的0、Shift+数字小键盘上的0
"替代预览"首选项指定的预览帧数（默认为5）	Alt+数字小键盘上的0
切换 Mercury Transmit视频预览	/（在数字小键盘上）
拍摄快照	Shift+F5、Shift+F6、Shift+F7或Shift+F8
在活动浏览器中显示快照	F5、F6、F7或F8
快速预览>关闭	Ctrl+Alt+1
快速预览>自适应分辨率	Ctrl+Alt+2
快速预览>草稿	Ctrl+Alt+3
快速预览>快速绘图	Ctrl+Alt+4
快速预览>线框	Ctrl+Alt+5
（8）视图	
为活动视图打开或关闭显示色彩管理	Shift+/（在数字小键盘上）
将合成在面板中居中	双击"抓手"工具
在"合成""图层"或"素材"面板中放大	主键盘上的 .（句点）

功能描述	快捷键	功能描述	快捷键
在"合成""图层"或"素材"面板中缩小	，（逗号）	删除素材项且没有警告	Ctrl+Backspace
在"合成""图层"或"素材"面板中缩放到100%	/（在主键盘上）	替换所选的素材项	Ctrl+H
		重新加载所选的素材项	Ctrl+Alt+L
缩放以适应"合成""图层"或者"素材"面板	Shift+/（在主键盘上）	为所选素材项设置代理	Ctrl+Alt+P
放大到100%以适应"合成""图层"或"素材"面板	Alt+/（在主键盘上）	**（10）效果和动画预设**	
		从选定图层中删除所有效果	Ctrl+Shift+E
在"合成"面板中将分辨率设为"完全""一半"或"自定义"	Ctrl+J、Ctrl+Shift+J、Ctrl+Alt+J	将最近应用的效果应用于选定图层	Ctrl+Alt+Shift+E
		（11）效果和动画预设	
放大时间	主键盘上的 =（等号）	新建纯色图层	Ctrl+Y
		新建空图层	Ctrl+Alt+Shift+Y
缩小时间	主键盘上的 -（连字符）	新建调整图层	Ctrl+Alt+Y
将"时间轴"面板放大到单帧单元（再次按下可缩小以显示整个合成持续时间。）	；（分号）	通过图层编号选择图层（1-999）（可快速输入两位数字和三位数字）	数字小键盘上的0-9
缩小"时间轴"面板以显示整个合成持续时间（再次按下可重新放大到"时间导航器"指定的持续时间。）	Shift+；（分号）	通过图层编号切换图层的选择（1-999）（可快速输入两位数字和三位数字）	Shift+数字小键盘上的0-9
		选择堆积顺序中的下一个图层	Ctrl+向下箭头
显示或隐藏安全区域	'（撇号）	选择堆积顺序中的上一个图层	Ctrl+向上箭头
显示或隐藏网格	Ctrl+'（撇号）	取消选择全部图层	Ctrl+Shift+A
显示或隐藏对称网格	Alt+'（撇号）	将最高的选定图层滚动到"时间轴"面板顶部	X
显示或隐藏标尺	Ctrl+R		
显示或隐藏参考线	Ctrl+；（分号）	显示或隐藏"父级"列	Shift+F4
锁定或解锁参考线	Ctrl+Alt+Shift+；（分号）	显示或隐藏"图层开关"和"模式"列	F4
（9）素材		为所选的纯色、光、摄像机、空或调整图层打开设置对话框	Ctrl+Shift+Y
导入一个文件或图像序列	Ctrl+I		
导入多个文件或图像序列	Ctrl+Alt+I	在当前时间粘贴图层	Ctrl+Alt+V
在After Effects"素材"面板中打开影片	双击"项目"面板中的素材项	拆分选定图层（若没有选中任何图层，则拆分所有图层）	Ctrl+Shift+D
将所选项目添加到最近激活的合成中	Ctrl+/（在主键盘上）	预合成选定图层	Ctrl+Shift+C
		按时间反转选定图层	Ctrl+Alt+R
将选定图层的所选源素材替换为在"项目"面板中选中的素材项	Ctrl+Alt+/（在主键盘上）	移动选定图层，使其入点或出点位于当前时间点	[（左括号）或]（右括号）
替换选定图层的源	按住Alt键并将素材项从"项目"面板拖到选定图层上	将选定图层的入点或出点修剪到当前时间	Alt+[（左括号）或 Alt+]（右括号）

功能描述	快捷键
为属性添加或移除表达式	按住 Alt 键并单击秒表
将某个效果（或多个选定效果）添加到选定图层	在"效果和预设"面板中双击效果选择
设置时间拉伸的入点或出点	Ctrl+Shift+,（逗号）或 Ctrl+Alt+,（逗号）
移动选定图层，使其入点位于合成的起始点	Alt+Home
移动选定图层，使其出点位于合成的终点	Alt+End
锁定选定图层	Ctrl+L
解锁所有图层	Ctrl+Shift+L
将选定图层的品质设为最佳、草图或线框	Ctrl+U、Ctrl+Shift+U 或 Ctrl+Alt+Shift+U
（12）在"时间轴"面板中显示属性和组	
切换选定图层的展开状态（展开可显示所有属性）	Ctrl+`（重音记号）
切换属性组和所有子属性组的展开状态（展开可显示所有属性）	按住Ctrl键并单击属性组名称左侧的三角形
仅显示"锚点"属性	A
仅显示"音频电平"属性	L
仅显示"蒙版羽化"属性	F
仅显示"蒙版路径"属性	M
仅显示"蒙版不透明度"属性	TT
仅显示"不透明度"属性（对于光、强度）	T
仅显示"位置"属性	P
仅显示"旋转"和"方向"属性	R
仅显示"缩放"属性	S
仅显示"效果"属性组	E
仅显示蒙版属性组	MM
仅显示表达式	EE
显示带关键帧的属性	U
仅显示已修改属性	UU

功能描述	快捷键
仅显示音频波形	LL
（13）关键帧和图表编辑器	
在图表编辑器和图层条模式之间切换	Shift+F3
选择全部可见的关键帧和属性	Ctrl+Alt+A
取消选择全部关键帧、属性和属性组	Shift+F2或Ctrl+Alt+Shift+A
缓动选定的关键帧	F9
缓入选定的关键帧	Shift+F9
缓出选定的关键帧	Ctrl+Shift+F9
设置选定关键帧的速率	Ctrl+Shift+K
在当前时间添加或移除关键帧	Alt+Shift+属性快捷键
（14）文本	
新建文本图层	Ctrl+Alt+Shift+T
所选文本的自动行距	Ctrl+Alt+Shift+A
为所选文本将字符间距重置为0	Ctrl+Shift+Q
切换段落书写器	Ctrl+Alt+Shift+T
（15）蒙版	
新建蒙版	Ctrl+Shift+N
选中蒙版中的所有点	按住Alt键并单击蒙版
选择下一个或上一个蒙版	Alt+`（重音记号）或 Alt+Shift+`（重音记号）
进入自由变换蒙版编辑模式	使用选择工具双击蒙版或者在"时间轴"面板中选择蒙版并按 Ctrl+T
以自由变换模式缩放中心点周围	按住Ctrl键并拖动
在平滑和边角点之间切换	按住Ctrl+Alt并单击顶点
反转所选的蒙版	Ctrl+Shift+I
（16）绘画工具	
交换绘图背景和前景颜色	X
将绘图前景颜色设置为黑色并将背景颜色设置为白色	D

功能描述	快捷键
将前景颜色设置为当前任何绘画工具指针下的颜色	按住Alt键并单击
为绘画工具设置画笔大小	按住Ctrl键并拖动
为绘画工具设置画笔硬度	按住Ctrl键并拖动，然后释放Ctrl键同时拖动
将当前的绘画笔触与上一个笔触相连接	按住Shift同时开始描边
（17）形状图层	
对所选形状进行分组	Ctrl+G
对所选形状取消分组	Ctrl+Shift+G
进入自由变换路径编辑模式	在"时间轴"面板中选择"路径"属性并按Ctrl+T
将矩形约束为正方形；将椭圆约束为圆；将多边形和星形约束为零旋转	当拖动以创建形状时按住Shift键

功能描述	快捷键
更改星形的外径	当拖动以创建形状时按住Ctrl键
（18）保存、导出和渲染	
保存项目	Ctrl+S
递增和保存项目	Ctrl+Alt+Shift+S
另存为	Ctrl+Shift+S
将活动合成或所选项目添加到渲染队列	Ctrl+Shift+/（在主键盘上）
将当前帧添加到渲染队列	Ctrl+Alt+S
复制渲染项目，并使其输出文件名与原始文件名相同	Ctrl+Shift+D
将合成添加到 Adobe Media Encoder 编码队列	Ctrl+Alt+M